요리스타 청 ❿

1판 1쇄 발행 | 2017. 9. 14.
1판 5쇄 발행 | 2023. 12. 5.

조재호 글 | 은하수 그림 | 요리조리스쿨 기획 | 정혜정 요리 감수

발행처 김영사 | 발행인 고세규
편집 김선민
등록번호 제 406-2003-036호 | 등록일자 1979. 5. 17.
주소 경기도 파주시 문발로 197(우10881)
전화 마케팅부 031-955-3100 | 편집부 031-955-3113~20 | 팩스 031-955-3111

값은 표지에 있습니다.
ISBN 978-89-349-7867-1 17590
ISBN 978-89-349-6526-8 (세트)

좋은 독자가 좋은 책을 만듭니다. 김영사는 독자 여러분의 의견에 항상 귀 기울이고 있습니다.
전자우편 book@gimmyoung.com | 홈페이지 www.gimmyoungjr.com

어린이제품 안전특별법에 의한 표시사항

제품명 도서 제조년월일 2023년 12월 5일 제조사명 김영사 주소 10881 경기도 파주시 문발로 197
전화번호 031-955-3100 제조국명 대한민국 ⚠주의 책 모서리에 찍히거나 책장에 베이지 않게 조심하세요.

10
한 사람을 위한 요리
요리스타 청
조재호 글 | 은하수 그림
요리조리스쿨 기획
정혜정 요리 감수
주니어김영사

신나고 바른 식문화를 위해

　안녕하세요, 독자 여러분? 《요리스타 청》의 스토리를 맡고 있는 만화가 조재
호와 그림을 그리고 있는 만화가 은하수입니다.

　저희는 함께 만화를 그리고 있는 동료인 동시에 두 아이를 키우고 있는 부부이
기도 합니다. 저희 아이들도 《요리스타 청》을 보고 있는 여러분과 비슷한 또래들
이에요. 아이들을 키우면서 가장 신경 쓰이는 것 중 하나가 바로 음식입니다. 음
식은 아이들의 건강과 성장에 직결되기 때문입니다. 게다가 최근 유전자 조작 식
품이다, 방사능 해산물이다 해서 식재료에 대한 흉흉한 이야기들이 워낙 많다 보
니 부모로서 관심이 갈 수밖에 없지요. 되도록이면 믿을 수 있는 재료를 직접 골
라 집에서 제대로 만든 음식만 먹이고 싶지만 그게 생각처럼 쉬운 일은 아닙니
다. 각종 패스트푸드와 인스턴트식품 광고를 보고 있노라면 어른들도 그 달콤한
유혹을 이겨 내기 힘든데 아이들은 오죽하겠어요? 그래서 저희는
음식에 대해 본격적으로 알아보기로 결심했습니다. 인스턴
트식품이 왜 나쁜지, 꼭 먹어야 한다면 슬기롭게 먹는
방법은 무엇이 있는지 공부했습니다. 또한 아이들의

건강은 물론, 입맛까지 챙겨 줄 수 있는 좋은 먹거리와 바른 조리법에 대해서도 고민했습니다. 이러한 노력의 결과를 독자 여러분과 나누어야겠다는 결심에서 시작하게 된 만화가 바로 《요리스타 청》입니다.

저희 부부는 예전에 요리 학원을 잠깐 다닌 적이 있지만 그것만으로는 요리 만화를 그리는 데 부족함이 많았습니다. 이를 극복하기 위해 시중에 나온 요리 관련 서적들을 열심히 본 것은 물론이거니와 평소에 안 먹던 음식들도 열심히 먹어 보았습니다. 여러 전문가들의 도움도 받았지요. 동아사이언스의 과학 전문 기자들과 요리와 관련된 과학 지식들을 익히기도 했고, 요리 학교의 선생님들로부터 조언도 구했습니다. 또한 실제로 요리를 익히는 학생들의 모습을 담아내기 위해 요리 학교 학생들을 인터뷰하고, 학생들이 실습하는 모습도 스케치했습니다.

《요리스타 청》은 독자 여러분에게 단순히 '음식은 무조건 골고루 먹어야 하고, 불량식품은 절대 먹어선 안 돼!'라고 강요하는 만화가 아닙니다. 주인공 청이와 함께 멋진 요리들을 감상하다 보면 음식이 왜 소중한지, 우리는 어떤 음식을 어떻게 먹고 살아야 하는지 자연스럽게 깨닫게 될 거예요.

만화가 조재호·은하수

몸과 마음을 예쁘게 성장시켜 주는 책

안녕하세요? 《요리스타 청》의 요리 교실을 맡고 있는 정혜정입니다.

저는 전주에 있는 국제한식조리학교에서 학생들에게 요리를 가르치고 있는 선생님입니다. 《요리스타 청》의 독자 여러분에게도 맛있는 요리 비법을 하나씩 소개해 주려고 해요. 주방장이 될 것도 아닌데 요리를 배워서 뭐하느냐고요? 여러분은 가족이나 친구들과 맛있는 음식을 먹으면 어떤 기분이 드세요? 신나고 행복하지 않나요? 그래요. 맛있는 음식은 사람들을 행복하게 만든답니다. 여러분도 정성이 깃든 맛있는 요리를 통해 주위 사람들을 기쁘게 해 주는 건 어떨까요? 요리는 여러분을 인기 있는 멋쟁이로 만들어 줄 수 있어요.

요리에는 놀라운 힘이 또 하나 있어요. 요리를 하다 보면 성장기에 있는 여러분의 두뇌가 쑥쑥 성장한다는 사실, 알고 있나요? 요리를 만들기 위해 밀가루를 반죽하고, 예쁘게 재료를 다듬고, 냄새를 맡는 활동 자체가 여러분의 감성과 집중력, 지성 등을 길러 주는 훈련이랍니다. 뿐만 아니라 물을 끓이고, 재료를 익히는 등의 과정을 통해 요리에 숨어 있는 물리, 화학, 생물, 의학 등 각종 과학 지식을 자연스럽게 몸에 익힐 수도 있어요.

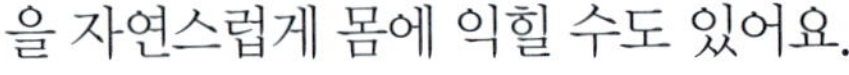

친구들은 오늘 어떤 음식을 먹었나요? 김치와 된장찌개? 샌드위치나 피자? 혹시 먹기 싫다고 투정 부리지는 않았나요? 우리가 먹는 모든 음식에는 인류의 역사가 담겨 있다고 해도 과언이 아니에요. 우리 조상들이 농사 짓고 사냥해서 어렵게 얻은 식재료들을 어떻게 하면 좀 더 맛있고 영양가 있게 먹을 수 있을까 연구하고 고민한 끝에 만들어진 결과물이 오늘날 우리가 먹는 음식들인 거예요. 오늘 저녁에는 밥상에 있는 음식들을 보면서 그 안에 깃들어 있는 전통 문화와 조상들의 지혜를 느끼려고 노력해 보세요. 평소 아무렇지도 않게 생각하던 음식들이 한결 맛있게 느껴질 거예요.

어린이들이 건강하고 바르게 성장하는 데 가장 중요한 건 바로 음식이에요. 그런 의미에서 저는 여러분께 《요리스타 청》을 추천합니다. 이 만화는 단순히 요리와 관련된 지식만을 알려 주거나, 불량 식품은 몸에 해로우니 먹지 말라고 훈계하는 만화가 아니에요. 우리가 올바르게 성장하기 위해서는 어떤 음식을 먹어야 하며, 그러한 음식들이 얼마나 소중한 것인지 일깨워 주는 만화랍니다. 《요리스타 청》을 읽으면 만화에 나오는 주인공들처럼 몸도 마음도 예쁘고 멋있게 성장할 거예요.

정혜정(국제한식조리학교 교장)

조선 시대에서 21세기로 넘어온 수라간 생각시. 에드워드 일당에게 붙잡힌 아버지와 조선 의궤를 되찾기 위해 요리스타 세계 대회에 나선다.

특징 : 냄새만 맡아도 재료를 알아맞히는 절대 후각

국제조리영재학교의 대표 꽃미남. 한정식 식당 수라간의 손자답게 요리 실력이 뛰어나고 외모도 범상치 않아 'A클래스'로 통한다. 학교에서는 의젓한 인기남이지만 청이 앞에서는 개구쟁이 도련님으로 돌변한다.

특징 : 잘생긴 외모와 뛰어난 요리 실력

에드워드

순수해 보이는 얼굴 뒤로 엄청난 비밀을 감추고 있는 프랑스 천재 요리사. 악마의 소스를 완성시켜 줄 비법을 찾고 있다.

특징 : 무슨 말이든 '~냐'로 끝나는 특이한 말투

채민

프랑스에서 요리 유학 중인 한국인 소녀. 에드워드와 한 팀으로 출전한 요리스타 세계 대회에서 그동안 갈고닦은 실력을 마음껏 발휘한다.

특징 : 에드워드의 아픈 상처를 알고 감싸 주는 진정한 친구

韓食

차 례

제1화
전자레인지를 찾아라!
앗! 저건…!
벌 떡 와
와 아
악마의 소스다!
갖고 싶어! 갖고 싶다!
한 방울만 줘라~!

그럼 네가 시키는 일 다 할게!
앗, 어디 가 이놈아!

엥? 당신 누구야?
진행 요원!

한 방울만 주세요. 네?
나보다 어리지만 앞으로 형이라고 부를게요!
아둥
바둥
악마의 소스는 잠깐 밑에 숨겨 둘까?
그래.
질질질...
으 아앙~ 1년만에 악마의 소스를 봤는데
딱
아직도 정신을 못 차렸어.
저게 그렇게 대단하냐?

그럼요. 악마의 소스 한 방울이면….
스승님 김치찌개도 프랑스 요리 맛이 난다니까요!
그럼 안 좋은 거잖아. 김치찌개는 김치찌개 맛이 나야지.
그 정도로 신비한 소스인 거죠.

스승님, 지금 뭐 하세요?
이 쑤신다. 왜? 아까 먹은 견과류가 이에 꼈네.

이쑤시개를 쓰는 건 안 좋대요. 치아와 치아 사이가 벌어진다고요!
이도 잘 안 닦는 네가 할 소리는 아닌 것 같은데!

아, 참!
스승님, 그거 아세요?
인류 최초의 발명품!

웬 자다가 남의 다리 긁는 소리냐! 대체 그게 뭔데?
정답은 이쑤시개!
모르셨죠? 하하하~!

에이~ 설마요!
진짜야!
거짓말!
진짜라니까!

호모 사피엔스도 밥 먹고 난 뒤 이쑤시개를 썼다니까!
헤헤 말도 안 돼

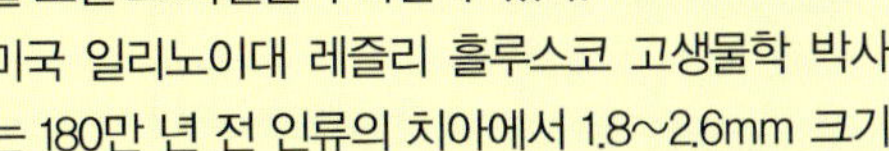

인류 최초의 발명품은 이쑤시개?

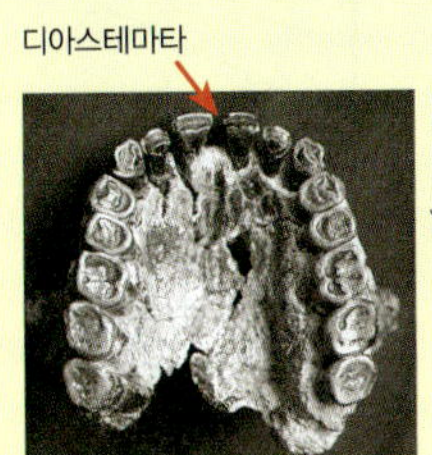

많은 학자들은 인류 최초의 발명품으로 이쑤시개를 꼽는다. 석기 시대 사람들이 사용했던 이쑤시개는 현재 남아 있지 않지만, 치아 화석에 남아 있는 구멍을 보면 그 사실을 추측할 수 있다.

미국 일리노이대 레즐리 흘루스코 고생물학 박사는 180만 년 전 인류의 치아에서 1.8~2.6mm 크기의 홈을 발견했다. 흘루스코 박사는 이 홈이 바로 풀 줄기로 이를 쑤신 흔적이라고 설명했다.

인간은 원래 180만 년 전까지 초식 동물이었다. 이후 고기를 먹기 시작하면서 치아에 고기가 끼는 문제가 발생했다. 인간에게는 '디아스테마타'가 없기 때문이다. 디아스테마타는 치아와 치아 사이의 틈새를 말한다.

개의 이빨은 아래 어금니가 비스듬한 모양으로 길게 튀어나와 있어서, 입을 다물었을 때 위 어금니와 틈이 생긴다. 그래서 고기를 먹어도 이빨 사이에 찌꺼기가 끼지 않는다. 반면 인간은 치아 사이가 촘촘해서 고기가 잘 끼기 때문에, 이를 제거하기 위해 이쑤시개를 발명한 것이다.

거기 조용히 해 주실래요? 진행을 못하겠어요!
아니면 퇴장 시킬 겁니다!
미안합니다.
조용히 할게.
그럼 지금부터 요리스타 세계 대회 결승전 요리 경연을 시작하겠습니다!
두 팀은 각 나라를 대표하는 요리를 선보이게 됩니다.
경연은 이렇게 3단계로 진행됩니다!
와
Hors d'oeuvre
Entrée
Desservir
와 아

멍~

정신 차려, 청이야!
짝
짝

무슨 글인지 당최 읽지도 못하겠사옵니다.
프랑스 말이야.
에피타이저, 메인 요리, 디저트.

에피…. 디저…. 뭣이옵니까?
앗, 그것도 외국어구나!
에피타이저는 식욕을 돋우기 위해 먹는 간단한 요리를 말해.

디저트는 식사 끝에 나오는….
깔깔깔~ 어이없어!

이런 기본도 모르면서 어떻게 결승전까지 올라왔을까?
정말 신기하네. 호호호~!

흥!
우리 한식처럼 상다리가 부러지도록 한 상에 먹으면 되지.
…
뭐가 이리 복잡하단 말이옵니까?

이건 프랑스 요리 방식을 따른 거야.

세계 최고의 미식가의 나라니까 말이야.
어디서 모기가 앵~ 앵거릴까?

프랑스는 기후가 온화해서 각종 농산물이 풍부해. 게다가 예전부터 무역이 발달해서 외국의 다양한 식재료가 들어올 수 있었지.

이런 환경 덕분에 프랑스 요리는 크게 발전했고, 세계 최고로 손꼽히게 됐어.

한편 프랑스 왕과 귀족들은 남들과 다른 특별한 음식을 원했고, 요리사들은 실력을 뽐내며 독특한 요리를 만들어 냈지.

그런데 18C 후반 프랑스 혁명이 일어나면서 왕과 귀족이 사라지고 말았어. 이때부터 요리사들은 가게를 차려 일반 사람들에게 음식을 팔기 시작했어.

이런 음식점을 통해서, 프랑스 궁중 요리의 까다로운 절차와 음식 예절도 함께 퍼지게 된 거야.

훗~ 이쯤 되면 프랑스 요리가 얼마나 대단한지 알겠지?
칫! 우리나라 역사나 똑바로 아셔요. 남의 집 이야기 말고….

자~! 첫 번째는 에피타이저 입니다!
다들 준비 됐죠?

제한 시간은 15분! 시작 하세요!

15분?

심사 위원님, 시간을 조금만 더 주시면 안 될까요?
저희 요리는 시간이 오래 걸려요.

반대다냐.
우리는 15분 안에 만들 수 있다냐!

그건 안 돼요. 프랑스 팀이 동의해 주지 않으니까요! 한국 팀도 15분 안에 만드세요.
앗! 그건 불가능한데….

우리 요리는 호박죽입니다.
호박 찌는 것만 30분 걸리는데….

한울 도련님, 어떻게 하지요?
흐음….
생각 좀 해 볼게.
분명 방법이 있을 거야.

훗!

난 뭐 할까?
치즈부터 녹이냐.
나머지는 내가 다 한다냐.

사각
사각

슈
슈
슈

우아~! 프랑스 팀, 손놀림이 엄청 빨라!
와
아
와
맛있는 냄새가 여기까지 나는데!
녀석이 요리를 좀 하는군.
게다가 악마의 소스까지 있으니….
그런데 한울이와 청이는 왜 가만히 있지? 빨리 움직여라. 시간이 없어.

일단 시간이 되든 안 되든….
호박부터 쪄 보겠습니다.
영 차
잠깐만 기다려!
뭔가 생각이 날 것 같아…. 생각이…!
그래, 그거다! 생각났어!
정말요? 역시 우리 도련님입니다!
나 창고에 다녀올게!
소녀가 더 빠릅니다.
뭘 갖고 올까요?
전자레인지!
슝
예!
전자레인지? 그 방법이 있었구나.
아마도 15분 안에 만들겠는데!

갑자기 한국 팀이 음식 재료와 도구가 있는 창고로 달려갑니다. 왜일까요?
파
바
바
바

그런데….
전자레인지가
어디에 있지?
먹는 건가요?
아니면 솥뚜껑
같은 건가요?
휙
휙
허둥
지둥

아차차!
이걸
어쩌지?
청이는
전자레인지를
모르잖아?

제2화
눈물의 호박죽
큰일 났다!
다 다 다
파
파
파
한국 팀, 급한 일이 생겼나 봅니다.
여학생에 이어서 남학생도 창고로 달려 갑니다!
잘 오셨습니다, 도련님!
전자레인지가 어떻게 생긴 물건입니까?
헥
헥
헥헥, 내가 이럴 줄 알았어….

바로 뒤에 있는 게 전자레인지야.
오 잉?
다 다 따
하하하! 쟤네 뭐야?
천하 장사다!

단호박에 칼집을 내 줘야지. 그러지 않으면 터질 수 있어.
?
?

소녀는 순식간에 단호박을 익힐 수 있다고 하시기에
전자레인지가 '금 나와라 뚝딱' 하는 도깨비 방망이인 줄 알았습니다.

후후~ 그랬어?
이제 단호박을 넣고 6분만 돌리면 돼.

오호~! 그래요?
으아악! 너 지금 뭐 하는 거야?
슈숑
슈숑
슈숑

6분간 돌리라면서요!
맷돌처럼 돌리면 되는 거 아니옵니까?
휙
휙

아냐. 전자레인지를 작동시키란 말이었어.

아~ 그런 거였습니까?
깔깔깔
뭐 이런 애가 다 있니?

스승님, 청이랑 살면 많이 피곤하시겠어요.
아니, 난 괜찮은데….

청이는 셰프하지 말고 개그맨 해~!
완전 웃기다. 내가 볼 때 너는 개그맨 소질 있어.
웅~
오호~ 참 신통방통한 물건이네.
어떻게 음식이 불도 없이 익는 거지?
웅~
웅~
원리는 간단해. 그러니까…. 아니다, 나중에 알려 줄게.
찹쌀가루
지금 말해 줘도 넌 모를 거야.
뭐라?

요리조리 과학 이야기

무기를 개발하려다 발명된 전자레인지

전자레인지는 매우 편리한 가전제품이다. 찬 음식을 금세 뜨겁게 데우기도 하고, 고소한 팝콘도 만들어 낸다. 전자레인지는 전쟁에서 적의 비행기를 찾는 레이더를 개발하는 과정에서 '우연히' 발명됐다. 그래서 전자레인지의 본래 이름은 '레이더 레인지'였다.

전자레인지를 처음 만든 사람은 미국의 공학자 퍼시 스펜서다. 퍼시 스펜서는 제2차 세계 대전 당시 '레이던사'라는 회사에서 레이더에 꼭 필요한 부품인 '마그네트론'으로 실험을 하고 있었다. 마그네트론이란, 마이크로파(주파수가 매우 높은 전자파의 일종)를 만드는 원통형 기계다.

한창 실험에 열중하던 퍼시 스펜서는 주머니 속 초콜릿이 녹은 것을 발견했다. 그는 이 현상을 통해 마이크로파의 존재는 물론, 마이크로파가 물체를 따뜻하게 데울 수 있다는 사실까지 알게 되었다. 이후 전쟁에만 이용되던 마그네트론은 우리 생활에 유용한 도구가 되었다.

전자레인지가 음식을 데우는 원리

전자레인지를 작동시키면 회전판이 돌면서 마이크로파가 음식 곳곳에 닿는다. 그러면 음식에 들어 있던 물 분자들이 마이크로파의 에너지를 흡수해 빠르게 움직이는데, 이때 발생하는 운동에너지가 열에너지로 변한다. 대부분의 음식에는 물이 들어 있기 때문에 전자레인지를 이용해 데울 수 있다.

마…
마이크로?
앗, 6분이
다 된 것
같습니다!
떼

다 익은 단호박의 속만
발라내서 믹서기로 간다.
위~잉
믹서기?
온통 모르는
물건뿐이네.

자! 내가 할 일은
다했어. 이제
네 차례야.
네! 걱정
마십시오!

단호박에 찹쌀가루를
조금 넣고 약불에서
끓이면 됩니다.
보글
보글

흥! 제 시간에
못 만들 줄
알았는데….

음식은 첫째도 정성,
둘째도 정성이니라….

단호박죽을 만들 때
찹쌀가루를 넣지
않으면 너무 묽어서
맛이 덜하단다.

찹쌀가루를 넣어야
걸쭉하고 차진 죽이
만들어지는 게야.

또한 죽이 잘 식지 않아
오랫동안 따뜻하게
먹을 수 있느니라.

예, 어머니!
명심하겠사옵니다.

와
아
와
와
20초!
10초!
이제 시간이 거의
다 됐습니다.
음식을 그릇에
담아 주세요.

에드워드, 이번
요리에는 악마의
소스 안 써?
후훗~ 이제
넣을 거다냐.

시작은 한 방울만 넣을 거다냐.
그래도 우리가 이길 거냐.
에드워드,
멋져!

톡

우아~! 역시 악마의 소스는 대단해!
한 방울만 넣었는데도 음식에서 빛이 나!
후후후~ 그 정도라냐?
반
짝
반
짝

에드워드의 요리를 보다가 한국 팀 요리를 보면…?
깔깔깔~! 그게 뭐니? 동네 편의점에서도 다 파는 호박죽!

2초⋯
1초⋯.
끝!
양 팀
선수들 모두
조리대에서
손을 떼
주세요!

이제 본격적인
요리 심사를
시작하겠습니다.
결승전
심사를 위해
특별한
셰프님들을
모셨습니다!
와아
와

태국의
스타 셰프,
잉락
시나와트라
선생님!
싸왓
디크랍
이름 어렵죠?
그냥
'뿌'라고
부르세요~

프랑스의
미녀 셰프이신
소피 마르소
선생님!
나이 먹어서
그래요.
옛날에는
이뻤수와

심사 위원 양반,
이거는 좀
아니지 않나?
프랑스 팀과
경기하는데 프랑스
심사 위원이라니!
척

걱정 마세요.
요리스타 세계 대회는
공정하니까요.

마지막으로 모실
심사 위원은?
꺄놀!

한 달에 한 번씩
〈어린이 과학 동아〉
요리 교실 코너에서 맛있는
요리를 소개해 주시는
정혜정 선생님입니다.

반갑습니다,
어린이 여러분~♬

지, 진짜가 나타났다!
우리는 만화 속에서만
요리하는데….
나는 한국
팀이라고 안 봐 줄
거야. 잘 하거라!
덜
덜

모두 이쪽으로
오시죠.
어느 팀 음식부터
드시겠습니까?

호박죽부터
먹겠습니다.
못 보던
음식이다 캅~

두근..두근..
두근..
두근..
두근..
두근..
두근..
두근...
엉~엉
툭
치~ 우리 요리부터 먹지…
아니다냐!
우리 것부터 먹으면
한국 요리는 맛없어서 못 먹는다냐.
아하~ 그런가?
앗! 왜 울어요? 고추 넣은 적 없는데!

아니, 갑자기 왜 우는 거죠?
매운 고추나 와사비가
들어 있나요?
엉엉~! 그런 거
아니에요.
엉
엉
처음 먹는
음식인데 갑자기….
10년 전에 돌아가신
엄마가 생각 난단
말이에요.
?
똑 똑
엄~마
엄마가
해 주신
똠양꿍이
먹고 싶어!
으앙~!

똠양꿍?
어쨌든 좋은 뜻이지요?
그, 글쎄.

아이들이 보고 있는데 그만 우시지요.
엉엉~ 맛있어서 그래요.
훌쩍
훌쩍

음~ 재료 본연의 맛을 잘 살렸구나. 하지만….
찌릿
대회에 나올 만큼 특별한 요리는 아닌 것 같아. 서민들이 먹는 평범한 음식이지.
그, 그런가요?

그래서 나는 70점!
아!
오~ 정말 맛있구나.
어릴 적 할머니가 해 주신 호박죽 맛이 떠올라….

예?
심사 위원님. 고맙습니다!
그러냐!

단호박을 찔 때 전자레인지를 사용했지?
그러하온데 무슨 문제라도 있사옵니까?

전자레인지로 식품을 데우면 한 가지 단점이 있단다. 뭘지 아니?
알 턱이 있나요. 소녀는 500년 전 조선 시대에서 온 생각시랍니다.
그건 바로 '직진성'이란다.

전자레인지에서 나오는 마이크로파는 일직선으로 직진하기 때문에 음식에 골고루 전달되지 못하지.
따라서 음식물의 일부분은 아주 뜨겁게 달궈지지만, 다른 부분은 여전히 차갑게 남아 있단다. 이런 음식이 맛있을 리 없겠지?

아하~! 그래서 전자레인지 속의 음식 받침이 빙글빙글 도는 거였군요!

맞아! 그렇지만 찜기에 찌는 것만은 못하지.
그래서 제 점수는요~ 80점!
고, 고맙습니다.

100점 만점에 1000점!
마지막으로 태국의 뿌 셰프님 점수는요?
맛있었다~캅!
그런 게 어딨어요?
척
?
제 점수는요….

미슐랭에서 3스타를 받은 대단한 셰프라고 들었는데, 이제 보니 제멋대로네.
다 들린다, 캅~!
와 와
이렇게 해서 한국 팀의 총점은 250점입니다.

이 정도면 괜찮은 점수지요?
응. 잘한 거야.

자, 이번에는
프랑스 팀의
에피타이저를
맛보겠습니다.

와

와

와

와

우리는 베이컨 카나페를
만들었습니다.

겉은 바삭하고
속은 부드러운
바게트 빵 위에….

크림치즈와
향긋한 채소,

베이컨을 올리고
특제 소스를
뿌렸지요.

펑

아삭

꿀꺽

프랑스 심사 위원님 왜 저러셔?
꿀꺽
퍼엉
그럼 나도, 우아아아아아~!
펑

맙소사! 대체 뭘로 만든 거지?
세상에 내가 모르는 향신료가 있었던가?
이, 이건 태어나서 처음 맛보는 소스다~!
소스의 향이 입 안에서 사라지지 않는다, 캅~.
거짓말~ 거짓말~!

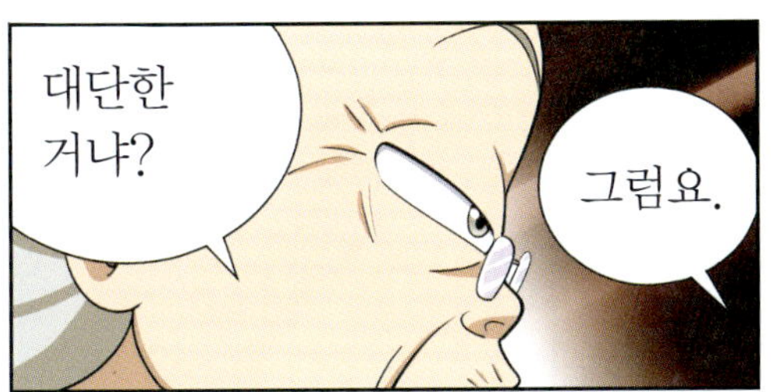

* 희석 : 용액에 물이나 다른 용매를 더하여 농도를 묽게 함.

그리고 세 번째 부터는….
….

딱 딱 딱
이놈아, 말을 해! 왜 하다가 말아?

중…독되어 버립니다….

중독?
음식 중독?

음식 중독이 위험한 거예요?
당연하지! 그러니까 중독(中毒)이라고 하잖아!

비만을 초래하는 음식 중독은 건강에 해롭단다.
꺄악
무서워요

먹어도 먹어도 배고프다면, 음식 중독?

음식 중독은 배가 불러도 계속 음식을 먹거나 특정 음식에 집착하는 증상을 말한다. 우리 몸에서 '렙틴'이라는 식욕 조절 호르몬이 비정상적으로 분비되면서 발생한다. 일반적으로 우리 몸은 배가 고프면 위에서 '그렐린'이라는 식욕 촉진 호르몬이 나온다. 이 호르몬이 식욕 조절 센터인 뇌 시상하부에 도달하면 우리는 음식을 먹고 싶다고 느낀다. 반대로 배가 부르면 내장 지방에서 분비된 렙틴이 뇌로 이동한다. 그러면 배부름을 느끼면서 먹는 것을 멈추게 된다. 이 두 가지 호르몬이 우리 몸에서 영양 공급과 포만감을 조절하는 것이다. 그런데 이런 시스템이 고장나면 배가 불러도 렙틴이 제대로 분비되지 않는다. 그러면 뇌는 우리 몸에게 계속 먹으라는 명령을 내린다. 그 결과 통제력을 잃은 몸은 계속 음식을 찾게 된다. 음식 중독을 예방하기 위해선 평소 스트레스를 음식으로 해결하려는 습관부터 바꿔야 한다. 만약 이미 음식 중독 증상이 보인다면 전문가의 도움을 받는 게 좋다.

하지만 이번 심사 위원들은 실력자니까
그랬으면 좋겠어요.
악마의 소스의 정체를 알아낼지도….

떨리니?
예….
끄옥

덜덜덜

와아

상의 다 하셨나요?
손곤손곤

그렇다면 프랑스 팀의 점수는 과연 몇 점일까요?
와옥

제 점수는
0점입니다!

저도 0점!

빠, 빠빠빠빠~
빵점!
캅!

앗! 이게
어떻게 된
일일까요?
정말 놀랍게도….

프랑스 팀의
요리 점수는
0점입니다!

쾅

까
당

캭~

켹!

정혜정 선생님의 요리 교실

여러분은 어떤 군것질을 좋아하나요? 아마도 과자, 초콜릿, 아이스크림처럼 달고 자극적인 간식이 많을 거예요. 하지만 이런 음식들은 열량이 높아서 쉽게 살이 찌고 건강에도 해롭답니다. 오늘은 영양은 높고 열량은 낮은 견과류로 간식을 만들어 볼게요.

통곡물강정

재료 통곡물 350g, 피스타치오 100g, 아몬드 60g, 설탕 30g, 꿀 120ml

❶ 아몬드와 피스타치오를 3등분하여 자른다.
❷ 팬에 꿀과 설탕을 넣고 기포가 올라올 때까지 살짝 끓인다.
❸ ❷에 견과류와 통곡물을 넣는다.
❹ 시럽이 골고루 묻도록 잘 버무린다.
❺ 틀 위에 놓고 얇게 편 뒤 굳힌다.
❻ 딱딱하게 굳은 강정을 먹기 좋게 자르면 완성!

잠깐!

▶ 건크랜베리나 건블루베리 등 건과일을 넣으면 단맛이 더욱 진해집니다.

까칠해도 좋아, 통곡물

최근 건강한 식습관에 대한 사람들의 관심이 높아지면서 통곡물이 주목받고 있다. 통곡물은 가장 바깥 부분인 겉껍질을 벗겨 낸 곡류를 뜻한다. 속껍질은 벗겨 내지 않기 때문에 먹었을 때 까칠한 게 특징이다.

통곡물은 영양소가 풍부한 배아가 남아 있어서 껍질을 완전히 벗겨 낸 곡물을 먹었을 때보다 단백질을 약 25% 더 얻을 수 있다. 또 섬유소와 비타민, 무기질 등 17여 가지 영양소도 다양하게 섭취할 수 있다.

통곡물은 체중을 줄이는 데에도 효과적이다. 섬유소가 많아서 조금만 먹어도 금방 배부르다고 느껴지기 때문이다.

강정을 만들 땐 꿀＋설탕!

통곡물 강정을 만들 때는 설탕과 꿀을 함께 써야 한다. 설탕은 열을 받거나 외부의 자극을 받으면 설탕 입자들이 뭉치는 현상인 결정화가 일어난다. 때문에 설탕만으로 강정을 만들면 너무 딱딱하게 굳어서 먹기에 불편하다. 결정화 현상을 방지하려면 설탕을 가루가 모두 녹을 때까지만 끓여야 한다. 또 이 과정에서 숟가락으로 젓지 않아야 적당히 끈적끈적한 시럽을 만들 수 있다.

반대로 꿀만 사용하면 재료가 잘 굳지 않는다. 꿀에는 설탕에 없는 '전화당'이 들어있는데, 전화당은 열을 가해도 고체로 굳지 않고 액체 상태를 유지하는 성질이 있기 때문이다.

제3화
에드워드의 과거

말도 안 돼!
분명히
악마의 소스를
넣었는데
0점이라니?
이건 뭔가
잘못된 거야….

벌
떡
왜 우리가
0점인가요?

왜냐고?
정말 몰라서
묻는 거니?
몰라요!
호박죽 따위는
250점이나
줬잖아요!
그런데 왜
우리는
0점이에요?

프랑스 요리의 특징은 자극적인 맛이 아닌 담백한 맛이다!

그런데 소스가 너무 강해서
재료의 맛을 전혀 느낄 수가 없었어.
그, 그래요?

우리는 요리를 먹으러 온 거지, 소스 맛을 보러 온 게 아니거든!

앗, 에드워드 어디 가니?
터벅 터벅

두 번째 음식 경연은 10분 뒤에 시작합니다.
와 아
와 와

세상에! 악마의 소스를 쓴 에드워드 요리를 이기다니! 경사 났네, 경사 났어!
자진방아를 돌려라~! 에헤이요~ 에헤라~!

뭉클
뭉클
어머니께 배운
호박죽으로
소녀가
이겼습니다!

울면 안 돼!
아직 끝나지
않았어.
안 웁니다.
눈에 먼지가 들어간
것이옵니다….
뿍
뿍

아직도
중요한
경연이
두 번이나
남았으니
그때까지
참겠습니다.

윽!
왜
그러셔요?
나 잠깐만
화장실 좀….
사실 나도
긴장을 많이
했거든.

탁
탁
탁
탁
대기실

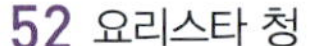

에드워드…?
척

자리 좀 비켜 줄래?
그, 그래.

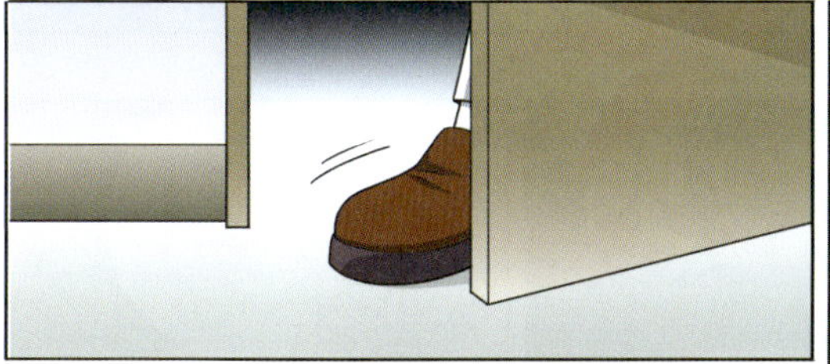

휴~ 시원하다.
앗!

저기….
한울아,
할 얘기가 있어.

에드워드를 너무 미워하지 말아 줄래?
너희가 생각하는 것만큼 그렇게 나쁜 아이는 아냐….
에드워드가 악마의 소스를 만든 건….
다 이유가 있어.

무슨 소리야?
사실….
에드워드는 프랑스 사람이지만 태어나서 자란 곳은 아프리카야.
아프리카는 어느 오랑캐의 땅입니까?
커다란 코끼리가 사는 곳!

유명한 셰프였던 할아버지는 에드워드 아빠도 요리사가 되길 원하셨대. 하지만 바람과는 달리 아빠는 의사가 되셨어.
그리고 가족과 아프리카로 가서 가난한 사람들을 치료해 주셨어.
에드워드는 아프리카 난민촌 아이들과 함께 자랐어.
탁 탁 탁
그러던 어느 날 아프리카에 전쟁이 벌어졌고, 에드워드의 부모님은 모두 돌아가시고 말았어.
멋진 신사 아저씨~ 꽃 사세요!
한 송이에 50센트입니다.
신사 숙녀 여러분~!
꽃 사세요!
50센트 입니다.
친구들이 정성껏 키운 꽃이에요.
척

저희는 이렇게
큰 돈을 거슬러 드릴
잔돈이 없어요.
아….
죄송합니다.
한 송이만
주겠니~?

탁
아니에요!
이리 주세요!
제가 얼른
바꿔
올게요.

크리스탈,
걱정 마!
오빠, 잠깐만!
탁 탁

어린이가
큰 돈을
갖고 있으면
도둑으로
오해받을
수 있단
말이야!

밥은 먹었니?
네…?

와~ 맛있다.
꽃이 아닌데 음식에서
꽃 향기가 나네~ ♬

천천히 먹거라.
그리고 이따
갈 때….

오빠 음식도
포장해 뒀으니
가져가고!

100달러는
너희들 용돈이니
거스름돈은 안
가져와도 된다.

꿀꺽

저희는 용돈 필요
없어요! 비록 돈을
벌기 위해 꽃을
팔지만….

도둑은 아니에요!
우리 오빠는 꼭
돌아올 거예요!

벌
떡

과연 그럴까?
10달러만 있어도
감자 한 포대를 살 수
있는데….

두고
보세요!

오빠는
도둑이 아니에요!

허허허~! 그럼
기다려 보자.

엉
엉
엉
엉

하아
하아
학
멋진 신사 할아버지~!
늦어서 죄송합니다!
학
학
여기 거스름돈을 가져왔어요!
하아
오빠~ 엉엉엉~!

정확히 99달러 50센트입니다! 맞지요?
맞구나.

크리스탈, 가자!
그런데 왜 울어?
몰라, 바보야!

잠깐!

이렇게 꽃을 팔아서 친구들에게 찐 감자를 주는 것도 물론 좋다만….
요리사가 돼서 직접 음식을 해 주는 게 더 의미 있지 않을까?

이렇게 맛있는 요리를 말이다….
당연하죠. 저도 먹는 걸 좋아하지만….
친구들이 제 요리를 맛있게 먹는 게 훨씬 좋아요.

이 소스는 어떤 음식도 맛있게 만든단다.
에이~ 거짓말!

요리조리 과학 이야기

조미료 맛이 재료 맛을 감춘다?

전교생이 모인 시끌벅적한 강당에 있으면 바로 옆자리에 있는 친구와도 대화하기가 힘들다. 그 이유는 주변 소리에 친구 목소리가 묻히기 때문이다. 목소리를 조금 더 크게 내 봐도 소음을 뚫기 힘들다. 이렇게 큰 소리 때문에 다른 소리를 듣지 못하는 현상을 '마스킹 효과'라고 한다.

마스킹 효과는 청각뿐만 아니라 후각, 시각, 미각 등 모든 감각에서 일어난다. 음식을 만들 때 재료의 불쾌한 냄새를 없애기 위해 조미료나 향신료를 많이 넣는 것이 대표적이다. 어린이용 해열제처럼 원래 쓴 약이라도 단맛을 넣으면 맛있게 먹을 수 있다.

반대로 마스킹 효과 때문에 음식의 맛이 안 좋게 바뀌는 경우도 있다. 세 명의 심사 위원은 프랑스 팀의 음식을 먹고, 소스의 향이 너무 강해 재료 본연의 맛을 느낄 수 없었다고 평했다. 사람들의 입맛은 저마다 다르지만 일반적으로 재료 자체의 질감과 맛, 향을 잘 살린 요리가 맛있는 요리로 꼽힌다. 그래서 요리사들은 요리를 할 때 향수를 뿌리지 않으며 향이 강한 화장품도 바르지 않는다.

저, 저는….

가난한 사람이든 부자든….

누구나 똑같이 맛있게 먹을 수 있는 소스를 만들고 싶어요.

그래. 참 착한 아이구나, 에드워드!
앗? 제 이름을 아시네요.
?
?
할아버지는 누구세요?

네 친할아버지란다. 너희 부모가 목숨을 잃었다는 소식을 듣고….

내 손주들을 찾아 1년 동안 아프리카를 헤맸단다!
끄
옥
같이 가자! 너를 세계 최고의 셰프로 만들어 주마!

아프리카에서 살던 에드워드와 크리스탈 남매는 할아버지를 따라 고향으로 돌아갔어.

두 사람은 프랑스 요리를 열심히 배우기 시작했어.

그리고 아프리카 친구들을 위해 악마의 소스를 연구했지.
웅
웅
부글
부글

쫄
쫄

오빠, 이거 넣는 거 맞지?

펑

아무래도 난 요리에는 소질이 없는 것 같아.
슈~
슈우~
내 생각에도 그런 것 같다….

으악! 이게 뭐야? 내 머리카락 색이 이상하게 변했잖아!
이때부터 바뀐 머리색

할아버지, 이번에는 세상의 모든 고추를 모아서 악마의 소스에 넣을 거예요.
음…. 괜찮을까?

으으으…. 매워~!
앗, 자네는 왜 그러나?
훌쩍
훌쩍

앗, 부주방장 아저씨 피부가 빨갛게 변했다!

또각
또각
몇 달 뒤

에, 에드워드….
할아버지, 왜 그러세요? 어디 몸이 편찮으세요?

그동안 악마의 소스를 만들려고 노력했지만 아직 미완성이다. 이제 우리에게 남은 희망은 그 책뿐이란다.

애야, 거꾸로 들었잖니.
앗!

슬쩍..

그건 타임머신을 타고
600년 전 조선에서 가져온
귀중한 책이란다.
한식의 비밀이 담겨 있지.
하지만….

책 내용이
너무 어려워서
지금까지
읽지 못했단다….
콜록콜록~!

네…?

그런데 얼마 전, 조선 궁궐의 생각시가
타임머신을 타고 21세기 한국으로
넘어왔다고 한다. 그 아이는
이 책의 비밀을 풀 수 있을 거다.

그 아이만 찾으면 우린 성공이다….
할아버지! 그러니까 이 책의 비밀을 풀면
악마의 소스도 완성할 수 있다는 말씀이신가요?
그렇지. 아아…. 에드워드….
푹
할아버지! 왜 그러세요?

할아버지! 정신 차리세요!
흔들
안 돼요!
안 돼! 일어나 보세요!
흔들

오빠, 지금 뭐 해? 할아버지 피곤해서 주무시잖아!
깨우지 마!
드르렁
드르렁

그래서 에드워드가 청이를 찾게 된 거야.
음…. 그런 엄청난 일이 있었다니….
어머니의 미각을 잃게 만든 사람은 에드워드의 할아버지였군요.
이런 얘기를 나한테 하는 이유가 뭐야?
에드워드는 착한 애야!
배고픔에 지친 아이들을 위해 악마의 소스를 완성하려는 거야.
뜻은 좋을지 몰라도….
방법이 틀렸어!

강한 자극을 주는 악마의 소스를 계속 먹다 보면 세상의 모든 어린이들은 미각 중독에 빠지고 말 거야.
미각 중독!
(味覺 中毒)

미각 중독이란,
특정한 맛이나 강한 자극만 찾는 편식 현상이야.
강한 맛과 자극의 음식을 계속해서 먹으면 미각이 둔감해지거든.
그럼 점점 더 강한 맛과 자극을 원하게 되고….
뚜우욱

어린이에게 특히 위험한 미각 중독!

맛있는 음식을 먹으면 우리 뇌의 쾌락 중추가 활성화된다. 뇌는 그 느낌을 기억했다가 이후에도 계속 그 맛을 찾게 되는데 이러한 증상을 '미각 중독'이라고 한다. 미각 중독은 밀가루, 설탕, 소금, 초콜릿 등 우리가 일상 생활에서 자주 먹는 재료가 원인이다. 미각 중독이 위험한 이유는 시간이 지날수록 우리 몸이 점점 더 강한 맛을 찾게 되기 때문이다. 특정 맛을 계속 먹다 보면 혀의 감각이 무뎌진다. 예를 들면 짠맛에 중독된 사람은 어지간히 짠 음식을 먹어도 짠맛을 느끼지 못한다. 따라서 음식에 소금을 더 넣게 되고, 이러한 상황이 반복되면 소금을 과다 섭취하게 된다. 미각 중독은 어린이들에게 특히 위험하다. 음식을 먹는 습관이 형성되는 시기에 미각에 중독되면 성인이 됐을 때 비만이나 당뇨 등 성인 질병에 걸리기 쉽다. 현재 우리나라는 경제협력개발기구(OECD) 국가 중 음식을 가장 짜게 먹는 나라이다. 국민의 80%가 세계보건기구(WHO)의 권장 소금 섭취량인 5g보다 많은 양을 섭취하고 있으며, 심지어 20~30g의 소금을 섭취하는 사람도 많은 것으로 나타났다. 따라서 자극적인 짠맛에 미각이 중독되지 않도록 더욱 유의해야 한다.

다행히 미각 중독은 의지만 있다면 쉽게 벗어날 수 있다. 사람의 혀에는 맛을 느끼는 미각 세포가 모여 있는 '미뢰'가 있다. 이 미뢰는 1~3주에 걸쳐 새로운 세포로 교체되며 12주 정도 지나면 모두 새 세포로 바뀐다. 따라서 맛이 없더라도 꾹 참고 3개월 동안만 음식을 싱겁게 먹으면 맛을 느끼는 혀의 민감도를 낮출 수 있다. 평소 음식을 먹은 뒤, 즉시 양치를 하는 것도 도움이 된다.

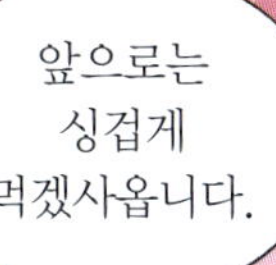

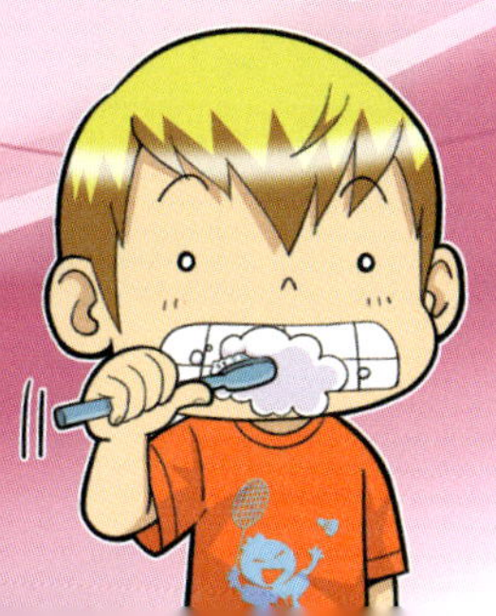

달그락
꺼~억
헤헤헤~!
이제 기분
좋아졌다냐!

룰루~♬
가자,
프랑스 팀!
이제는
지지 않아!
큰일이야.
악마의 소스만
먹어서 다른 맛을
느끼지 못해….

중독이라니!
상상이 너무
지나치잖니.
널 믿고 비밀을
말한 건데….
앗! 뭐
하세요?
쑤군
쑤군

두 번째 경연에서는 소녀의 어머니께서 가장 좋아하셨던 음식을 만들고 싶사옵니다.

그래서 음식 메뉴에 대해 할머니와 상의를 했지요.

정말?

완전 기대되는데…!

한국 팀, 프랑스 팀. 입장해 주세요.

결승전 두 번째 요리 대결을 시작하겠습니다.

우린 뭐부터 할까?
밥 먼저 짓고 있을래? 그 사이에 내가 창고에서 재료를 챙겨 올게.

왜 그래? 무슨 생각을 그리 골똘히 해?
할머니가 비결을 가르쳐 주셨습니다.

어머니가 좋아하는 음식을 만든다고 생각하지 말고,
앞에 계신 분들이 진짜 어머니라고 생각하라고요. 음식은 마음가짐이 가장 중요하니까요.
오~ 좋은 말씀!

저 분은 제 어머님이 맞습니다.
청이 엄마다!

어머님이십니다.
맞다. 맞아!

어…머…니!

청이 이상하냐?
신경 쓰지 마!
우리 재료부터 빨리 가져오자!
탁
탁
어…!
와락

엉
엉 엉
어머니! 보고 싶었사옵니다. 꿈에 그리던 우리 어머니~!
얘야, 지금 뭐 하는 거니? 어머니라니!

제4화
도깨비 밥솥이 나타났다!
어머니!
애야, 진정하렴.
흑흑
갑자기 엄마가 보고 싶어졌구나….

대회가 끝나면 곧 볼 텐데 울면 안 되지….
아얏! 소녀가 지금 무슨 짓을 한 것이옵니까?

죄, 죄송하옵니다.
에구머니나!
휙

호호호~! 괜찮아. 우리 딸도 너만할 때가 있었거든….

밥부터 지어야겠지?
네…. 예부터 우리 한식은 밥이 맛있어야 모든 게 맛있고,
밥이 맛없으면 귀한 산해진미도 소용없다 하였습니다.
역시 우리 청이는 똘똘하구나.
부끄 부끄

그럼 소녀는 가마솥부터 가져오…!
잠깐만, 청이야!
더 좋은 생각이 있어!
짠~

이 절구통 같은 것은 무엇에 쓰는 물건이옵니까?

히힛, 잘 봐!
콕
안녕하세요? 코코입니다. 음성 안내로 더욱 편리하게 맛있는 밥을 지어 보세요.
뾰로롱♪
꺄아아아아아아악~! 도·깨·비·다!
다다다

청아, 도깨비가 아냐!
이건 최첨단 인공 지능 음성 인식이 탑재된 전기밥솥이라고!

흥, 거짓말 하지 마셔요!
세상에 말하는 밥솥이 어디 있사옵니까?

청이가 전기 밥솥을 처음 봤나 봐요.
이런 우라늄 도롱뇽 코딱지!
우리 집은 돌솥으로 밥하거든.
멍칫

시간 없어! 청아, 빨리 와!
이것 봐! 그냥 밥솥이라니까!
덜컹
덜컹
오~잉!
네가 무섭다면 소리 기능을 꺼 줄게.

한국 팀, 밥 안 할 거예요? 이러면 경고 줄 겁니다.
예쁘다 예쁘다 하니까….

덜
덜
덜

이런 걸 대체 누가 만들었답니까?

요리조리 과학 이야기

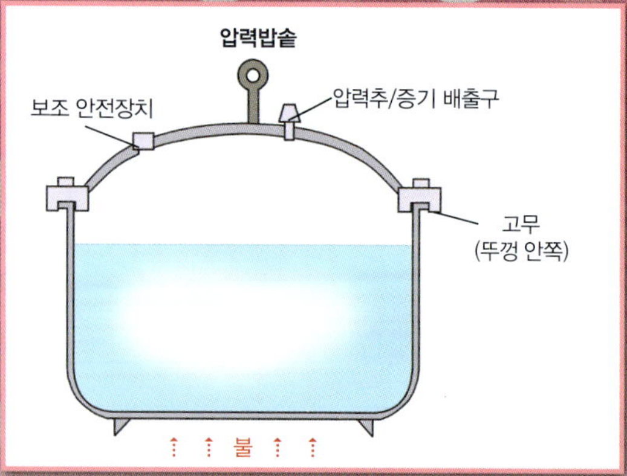

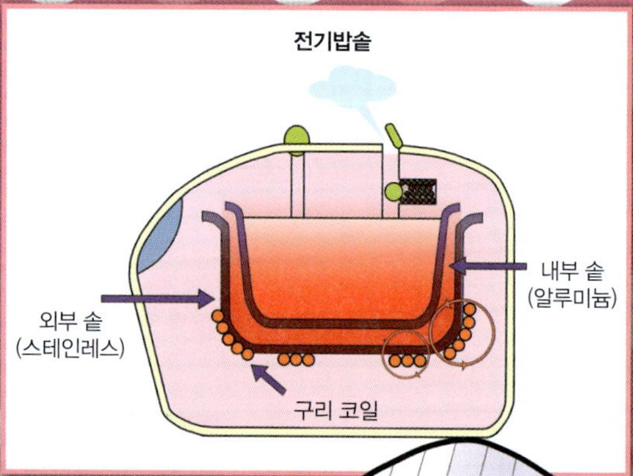

압력밥솥과 전기밥솥의 원리

압력밥솥은 가마솥의 구조를 그대로 적용해 만들었다. 뚜껑과 솥이 닿는 곳에 고무를 넣어 내부 공간을 완전히 밀폐시키기 때문에 수증기가 밖으로 빠져나가지 못한다. 이때 솥 내부의 기압은 대기압보다 훨씬 높아지기 때문에 쌀은 100℃보다 높은 온도에서 충분히 익게 되어 맛있는 밥이 만들어진다.

하지만 압력밥솥은 한꺼번에 너무 많은 양을 지을 경우, 아랫부분은 타고 윗부분은 질어지는 단점이 있다. 가마솥이나 압력밥솥은 주로 밑바닥만 가열하기 때문이다. 또 불 세기를 적절히 조절하기도 어렵다. 이를 보완한 것이 전기밥솥이다. 전기밥솥은 기존 솥과 달리 솥 전체에 열을 가하는 방식이다. 솥 전체에 구리 코일을 감고, 여기에 전류를 흘리면 뜨거운 열에너지가 만들어진다. 그러면 솥 전체에 열이 전달되면서 쌀이 구석구석 잘 익게 된다.

아~
그렇군요!
하하하~!
저는 그냥 가마솥에다
밥을 짓겠습니다.
도깨비가
언제 또 나올지
모르니까요!
내 말을
하나도
이해하지
못했군….
그래, 그럼
그렇게 해!
꾸물거릴
시간이 없어!

탁 타 닥

참 이상하옵니다.
왜?

언제나 우리 앞에
나타나서 훼방을 놓던
사람이 안 보여서요.

누구…?
아, 가연이?

빙고!
한 번 악당은
영원한 악당이지!
또 한 번 훼방을
놓을 테다!
우하하하~!
꺄르르르르~!

너희는
절대 우승
못 해!
내 눈에
흙이
들어가기
전에는
절대 안 돼!

혼자서
뭐 하는
거지?
!

우리는 반드시 요리스타 세계 대회에서 우승해야 해!
네게 좋은 방법이 있다며? 진짜야?
그럼~! 당연히 있지. 아주 기가 막힌 방법!

그런데 지금 부탁하는 입장 아니야?
그렇게 뻣뻣하게 굴면 내가 말하기 싫어지지!

울컥

도와줘…. 부탁할게!
오냐~

내 계획은 심사 위원들이 프랑스 팀의 음식을 먹을 때는 ○○○을…!
그리고 한국 팀의 음식을 먹을 때는 ☆☆☆을 쓰는 거야.
내기실
아얏!

틀림없이 프랑스 팀이 이길 거야! 그럼 청이는 여길 떠날 테고….
한울이는 다시 나를 좋아하게 되겠지?

너 진짜 나쁜 애구나!
휙
깔 깔 깔
홋~ 칭찬으로 들겠어!
와 아 와
어?

가연아, 안녕?
오랜만이야.

앗, 가연이 왔네! 안녕~!
선배님, 안녕하세요!

아니, 이 녀석이 왜 또 왔지?
이번엔 무슨 나쁜 짓을 하려고…

배신자들!
예전에는 내가
학교에서 가장 예쁘고
착하다고 했으면서,
이제는 다들 청이
편이지?

흥칫뿡~!
너희하고는
이제 말 안 해!
청이가
어떻게 되는지
두고 보렴.

손에 들고 있는 가방은
뭐야?

손 안
댔는데?

관심도
갖지 마!

손대지 마!

딱

이놈아, 왔으면
앉아. 앞이
안 보이잖아.

그리고 여기
너만 있어?
왜 소리를
질러!

으으….
할머니도
미워요.

아니?
영차
영차
저게 뭡니까?
한국 팀이
국내 예선전에서
한 번 사용했었던
거대 가마솥을
또 들고 옵니다!
와 와
맞습니다.
청이는
100년 묵은
산삼을
먹었거든요!
한국 팀의
청이 학생은
천하장사가
틀림없습니다!
콩
청이야,
왜 안 가?
저기 아래에….

달팽이가 있사옵니다~!
와랑~! 귀엽다!
그런데 달팽이가 왜 여기에 있지?
슬금 슬금
뾱
오늘 우리는 달팽이 요리를 할 거거든.
얼마나 맛있다고~!
프랑스어로는 에스카르고 (escargot)!
와아
뭐야? 달팽이 요리?
귀여운 달팽이를 먹는다고?

정혜정 선생님의 요리 교실

저런~! 청이가 전기밥솥을 처음 보고 무척 놀란 모양이군요. 하긴 밥솥이 스스로 밥도 짓고 말도 한다니 도깨비방망이처럼 낯설고 신기하게 느껴질 거예요. 전기밥솥을 활용하면 맛있는 디저트도 만들 수 있답니다. 이번에는 새콤달콤 맛있는 딸기가 곁들여진 딸기 케이크에 도전해 볼까요?

딸기케이크

재료 달걀 6개, 설탕 200g, 버터 25g, 우유 30ml, 박력분 밀가루 180g, 물 100ml, 설탕 60g, 생크림 500g, 딸기 약간, 블루베리 약간

❶ 달걀에 설탕을 넣고 베이지색이 될 때까지 젓는다. 이후 밀가루와 녹인 버터, 우유를 넣고 섞는다.

❷ 밥통에 기름을 바른 뒤, ❶을 넣고 '찜' 기능을 60분간 작동시킨다.

❸ 완성된 케이크 시트를 꺼내 3등분한다.

❹ 물과 설탕을 함께 끓여 만든 시럽을 케이크 시트에 바른다.

❺ 생크림에 설탕을 넣고 거품이 오를 때까지 젓는다. 완성된 생크림을 케이크 시트에 바른다.

❻ ❺ 위에 딸기를 올리고, 나머지 시트를 차례로 쌓아 올린다. 마지막으로 생크림을 바른 뒤, 딸기와 블루베리로 장식하면 완성!

겨울을 버틴 딸기가 더 달다?

원래 딸기의 제철은 4월~7월이다. 그런데 요즘에는 늦은 겨울이나 이른 봄에도 딸기를 즐겨 먹는다. 왜일까?
딸기는 저온성 작물이라 더운 날씨엔 쉽게 상하고 무른다. 우리나라는 1980년대 겨울부터 비닐하우스에서 딸기를 재배하기 시작했는데, 이 딸기가 단단하고 맛이 좋아 인기를 얻게 됐다.
농촌진흥청의 분석에 따르면, 실제로 겨울을 버틴 딸기가 훨씬 맛있는 것으로 나타났다. 딸기는 온도가 오르면 신맛을 내는 유기산 함량이 늘어난다. 그런데 하우스 딸기는 겨우내 낮은 온도에서 자라면서 유기산이 만들어지지 않아 당분 함량이 상대적으로 높은 것이다.

전기밥솥으로 촉촉한 빵을!

빵을 만들 때 오븐이 없다면 전기밥솥을 대신 써도 좋다. 게다가 전기밥솥을 사용하면 훨씬 촉촉한 빵을 만들 수 있다.
오븐은 보통 170℃가 넘는 뜨거운 열로 재료를 가열하는 방식이다. 이 때문에 재료에서 수분이 많이 빠져나가고, 표면이 점점 단단해지는 '크러스트 현상'이 일어난다.
반면 전기밥솥은 뚜껑을 닫으면 내부가 완전히 밀폐되는 구조다. 그래서 음식 재료에서 나온 수증기가 밖으로 빠져나가지 못하고 밥솥 내부에 남아 있게 된다. 결과적으로 재료의 수분 손실이 거의 없기 때문에 더욱 촉촉한 빵이 만들어지는 것이다.

제5화

밥 짓기에
과학이?

프랑스 사람들이
달팽이 요리를
만든 건 사실
와인 때문이야!

웬 뚱딴지 같은
소리야?

와인의
나라로
불리는
프랑스는
전국 곳곳에
포도밭이
있지.

식용 달팽이인 에스카르고는
포도나무 잎을 좋아하기
때문에 포도밭에서
쉽게 볼 수 있어.

달팽이는~
포도잎 좋아해~♪

냠 냠

15세기 무렵, 프랑스의 어느
대법관은 가난한 사람들에게
일자리를 마련해 줬어. 바로
포도밭을 일구는 것이었지.

이 녀석이 자꾸
포도잎을
갉아 먹어요.

음~ 큰일이군

어떻게 해야 달팽이들을 없앨 수 있지?
아하, 그거야! 달팽이로 맛있는 음식을 해 먹자!
그때부터 사람들은 달팽이 요리를 해 먹기 시작했지. 이후 달팽이 요리는 독특한 맛으로 전 세계 미식가들을 사로잡았고, 프랑스의 3대 진미가 되었어!
믿거나 말거나 다냐?
으악!
한국과 프랑스 팀이 창고에서 음식 재료를 모두 가져왔습니다. 과연 무슨 요리를 할까요?
와
아
와
와
나는 쌀을 씻을게.
소녀는 불을 지피겠습니다.
팍
파
악
앗, 도련님! 지금 뭘 하시는 겁니까?
쪼
르
륵

왜?
귀한 쌀이 아깝게 흘러 나갔잖아요!

서두르느라 그만….
하지만 괜찮아. 쌀은 아직 많이 남아 있어.
빠직

쌀 한 톨을 얻기 위해서 농부들이 얼마나 많은 땀을 흘리는지 아시옵니까!

쌀 한 톨을 얻기 위해 농부의 손길이 88번이나 닿아야 한다는 말도 있사옵니다!
히익! 몰랐어!
다시 주울게. 아이고~ 아까워라!

이 쌀 한 톨이 백성들의 땀이자 눈물이구나….
내가 이렇게 어리석다니….

아주 훌륭한
생각을 갖고
있구나.
앗!
그렇다면 왜 밥을
'만든다'가 아니라
'짓는다'고 하는지 아니?

멍~
소녀, 그것은
모르겠사옵니다.

그것은 밥을
짓는 과정에
과학이 들어 있기
때문이란다.
Science
과학이오?

소녀는
과학과는 다소
거리를 두는지라~!
그럼 이만….
잠깐! 애기는
끝내고 가야지!

여기서 잠깐,
과학 퀴즈
나갑니다~!
밥을 지을 때
가장 중요한
단계는 무엇일까요?

소녀
아주
바쁩니다.
머리 아픈
과학은
나중에 배우면
안 될까요….

정답! 쌀을 씻는 과정!
일단 쌀을 처음 씻는
물은 재빨리 버린다.

쌀은 첫 물을
금방 흡수하지.
따라서 천천히
헹구면 비린내가
쌀에 스며든다.

또 쌀에 섞인
불순물은 물보다
*비중이 작아 둥둥
떠오르니, 헹구는
과정을 두세 번
반복해야 깨끗이
씻을 수 있다.

* 비중 : 물의 밀도를 기준으로 비교한 어떤 물질의 밀도.

대체 뉘신지…?
글쎄요. 그저 바람
따라 구름 따라 떠도는
나그네랄까….

이번에는 내 차례인가?
여기 돌솥, 압력밥솥, 냄비,
전기밥솥, 무쇠솥이 있네.
이 솥들 중에서
밥맛이 좋은 순서를
답해 보게.

* 호화 : 녹말에 물을 넣어 가열할 때에 부피가 늘어나고 풀처럼 끈적끈적하게 되는 현상.

이론상 전분은 60~65℃ 이상에서 호화된다고 알려져 있어요.

하지만 쌀의 전분은 98℃에서 20분 이상 가열하지 않으면 완전히 호화되지 않아요.

급수
가열

호화 작용 : 전분을 물에 넣고 가열하면 점성도가 증가해 반투명한 콜로이드 물질이 되는 현상. 맛은 좋아지고 소화 흡수율이 높아진다.

불을 끈 뒤 10~15분을 그대로 놔두고, 쌀의 속 부분까지 부드러워지도록 뜸을 들이는 거예요.

제법이군.
그래서
'갓난아이가
울어도 솥뚜껑은
열지 마라'라는
속담이 있지.

휘잉

언제 기회가 된다면….

꼭 찾아뵙고 싶군요.

그거 좋지!

대결 신청을 받아들이네.

두 분 말씀 다 끝나셨습니까? 그럼 조용히 좀 해 주세요!
누가 주인공이야?

한국 팀, 지금 뭐 하는 거죠?
흡
흡
흡
흡

화아
으아아악!
어머머~!

화르르

이제야 숯에 불이
제대로 붙었군.
툭툭

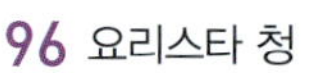

얘가 진짜….
예뻐하래도 미운 짓만 골라한다니까.

푸훗~! 숯검댕이!
참나? 남 말 하시네~!

푸슈
슈~

탁 탁
탁 탁 탁

설마….달팽이 요리만 딸랑 만들지는 않겠죠?
음, 진짜 메인 요리는 따로 있을 거야….

스승님, 어디서 이상한 향기가 나지 않나요?
얼굴 돌려라. 밥주걱으로 한 대 더 맞기 전에….

쿵 쿵 쿵

나는 네 입 냄새 때문에 괴로워 죽겠어.
에이! 농담하지 마세요! 흥!
농담 아니거든?

쿵 쿵 쿵..

찾았다! 가연이 가방에서 나는 향기예요!
어디…. 무슨 향인지 내가 한 번 맞혀 볼까?
팟

쓰윽
쿵쿵

안 돼!
내 비밀 무기가 지금 밝혀지면….
청이를 방해할 수 없잖아!
어떡하지?

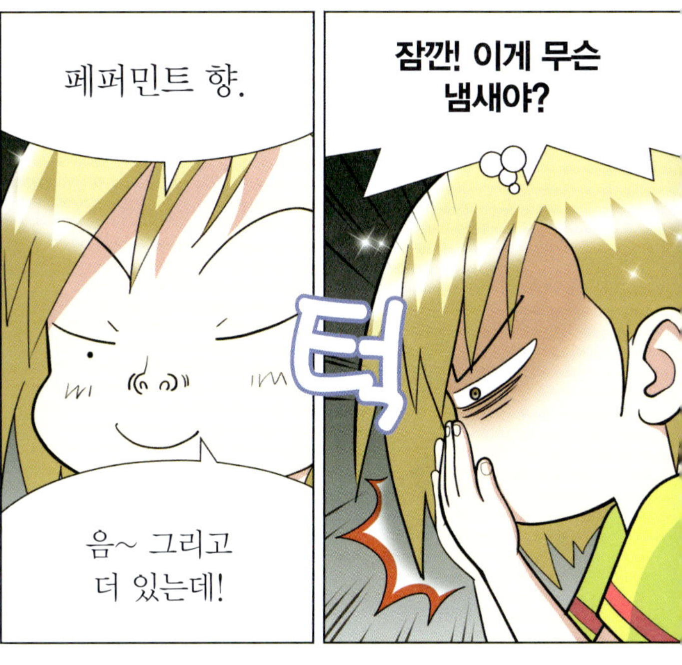

페퍼민트 향.
음~ 그리고 더 있는데!
잠깐! 이게 무슨 냄새야?
터

야! 너 지금 내가 냄새를 못 맡게 방귀 뀌었지?
일주일 참은 방귀!
어머머! 이 아저씨가 생사람 잡으시네!
숙녀에게 못하는 말이 없으셔!

이 녀석이 입 냄새에 방귀까지 뀌네. 죽을래?
으아아~! 아니에요! 억울해!
히히히~! 이 가방 안에 뭐가 있냐고? 향수가 있지.
식욕을 돋우는 향수. 그리고 식욕을 떨어뜨리는 향수. 청이한테는 뭘 쓸까?
쉬!

어?

에드워드, 왜 그래?
저건 뭐냐?

아하~! 신선로야.

신선로는 상에서 음식을 끓이는 그릇 또는 이 그릇에 담아 먹는 요리를 뜻해. 신선로 가운데에는 숯불을 넣고, 그 주변에는 다양한 고기와 채소를 담지. 여기에 장국을 부어서 보글보글 끓이면 음식을 오랫동안 따뜻하게 먹을 수 있어.

아니, 저거 말이냐!
할머니가 한울이한테 건네주는 거!
?

♪~

냄새가 좋은 걸 보니 잘 익었네. 역시 할머니 손맛은 최고야!

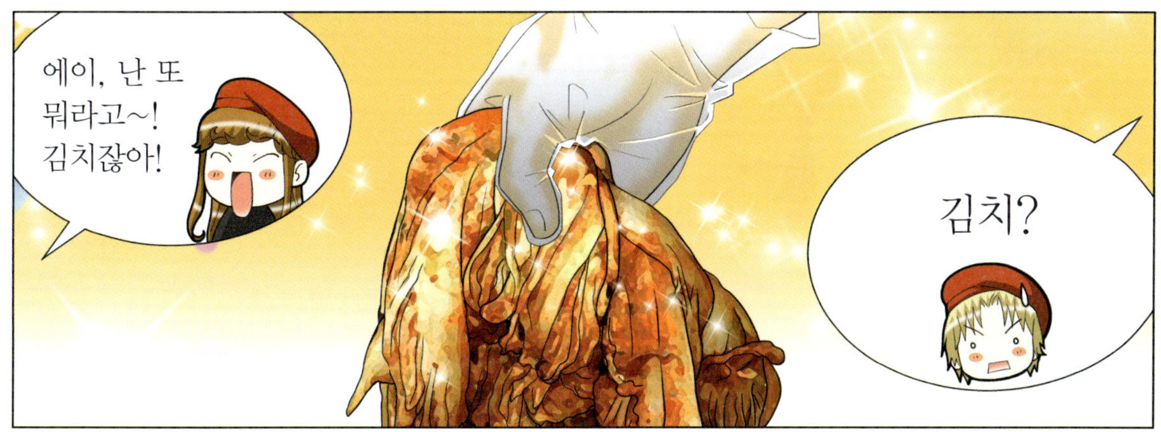

에이, 난 또 뭐라고~! 김치잖아!
김치?

한울이 학교에서 먹었던 매콤한 반찬 말이야.
모양이 다르냐?

김치는 종류가 아주 많아. 지역과 계절에 따라 즐겨 먹는 김치가 다르기 때문이야.

에드워드가 먹은 건 무로 만든 깍두기고, 저건 배추 김치야.

한국인들에게는 김치가 중요하다냐? 자주 먹는다냐?
당연하지. 김치는 한국의 대표 음식이야. 매일매일 먹는 사람도 많지.

'김치 없이는 못 살아'라는
김치송도 있는데….
노… 노래까지?
깜짝

한국 팀은 분명히 김치찌개 아니면 김치전을 만들 거야.
사각
사각

오호~! 그렇다냐?

맛도 좋고 건강에도 좋은 김치!

김치는 우리나라 고유의 발효 음식이다. 소금에 절인 무나 배추를 양념에 버무린 다음 숙성시키면 맛있는 김치가 만들어진다. 우리 조상들은 추운 겨울에도 야채를 충분히 섭취하기 위해, 매해 가을마다 김치를 잔뜩 담그곤 했다. 이를 '김장'이라고 한다. 그런데 최근, 김치는 맛있는 채소 요리일 뿐만 아니라 건강에도 좋다는 사실이 밝혀졌다. 우선 김치에는 3000여 종의 미생물이 들어 있다. 이 미생물들은 위염을 일으키는 헬리코박터균이나 식중독을 일으키는 리스테리아균처럼 몸에 해로운 균들의 활동을 억제한다. 특히 김치 발효 과정에서 생기는 유산균은 해로운 세균의 번식을 막고 소화를 돕는다.

또한 2015년 영남대 생명공학부 박용하 교수는 김치 유산균인 '락토바실러스 사케이'가 바이러스성 질병의 예방과 치료에 효과가 있다는 연구 결과를 발표했다. 연구팀은 코로나바이러스에 감염된 돼지 2000마리의 몸에 락토바실러스 사케이를 투여했다. 일주일이 지난 뒤 관찰해 보니, 바이러스 양은 줄어들고 실험에 참여한 돼지 모두 건강을 회복한 것으로 나타났다. 이러한 김치의 효능을 '김치의 항바이러스 효과'라고 한다.

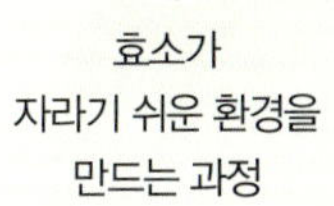
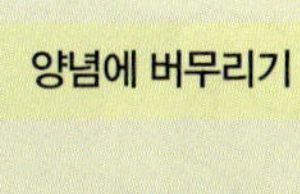

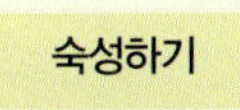

심사 위원님!
척
한국 팀은 지금
반칙을 하고 있다냐!
뭐라고요? 한국 팀!
휙
모두 멈추세요!

무슨 반칙?
두부 먹다 이 빠지는 소리지요.

응?
휙
응?
휙

프랑스 팀, 한국 팀이 무슨 반칙을 했다는 거죠?
아무리 살펴도 없는데요?
그러게 말입니다.

저 김치는 반칙이다냐. 한국 팀이 만든 게 아니기 때문이다냐!

우우우~!

김치찌개나 김치전의 맛을 좌우하는 것은 역시 김치의 맛이다냐!

그런데 할머니가 만들어 주신 김치를 사용한다면 우리도 잘 만들어진 음식을 가져와서 데우거나 양념만 넣으면 우리 요리가 되는 것이다냐!

그래서 에드워드가
김치에 대해
꼼꼼하게
물어봤구나.

역시
천재야…!

음….

프랑스 팀,
잠깐만 시간을
주시겠어요?
의논을 해 보죠.

깔 깔 깔
요리스타 세계 대회
결승전을 잠시
중단합니다. 양해
부탁드립니다.

와
와 아 아

맞는 말이네.
호호호,
고소해라!
이런 우라늄!
젓가락으로 김칫국
떠먹을 녀석!
스승님,
어떡해요?
부르르

이를 어쩌지!
방법이 정말
없는 것인가?

세자마마,
부디 힘을 잃지
마시옵소서!

큰일이옵니다.
소녀가 지금 김치를
담글 수도 없고….

포기하지 않아.
끝날 때까지
끝난 게
아니니까!

장내에 계신
여러분!
논의 결과를
발표하겠습니다.

우우

우우우

저희는
프랑스 팀의
의견을

받아들여
만장일치로….

잠깐!

프랑스 팀이 가져온 바구니에는 무엇이 있죠?
한국 팀도 이의 있습니다.

치즈 아닌가요?

프랑스 사람들에게 치즈는 어떤 의미인가요?

프랑스의 유명한 미식가는 '치즈가 없는 식사는 진심이 없는 악수와 같다'고 말했죠.

프랑스는 '치즈의 나라'
라고 할 수 있어요.
프랑스인 한 명이
일 년 동안 먹는 치즈가
약 15kg정도랍니다.

프랑스산 치즈는
로마시대부터
명성이 높았어요.
프랑스 유명 문학가들의
작품에는 치즈에 대한
예찬이 종종 실려
있답니다.

대단하다냐!

나폴레옹이
사랑한 '카망베르',
치즈의 왕 '브리'!

육군 대령의 복장과
비슷한 '리바로',
프랑스의 국민 치즈
'콩테', '퐁 레베크',
'캉탈' 등등…!

치즈도
김치처럼
그냥 먹거나
요리에 넣어서
먹지요?

앞에 있는 카망베르
치즈는 어떻게
만들어졌나요?

훗~! 왜?
치즈에 대해
알고 싶다냐?

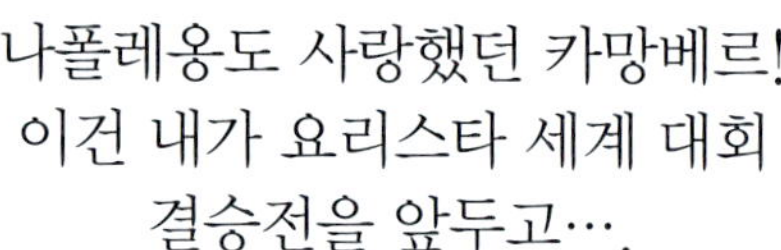

나폴레옹도 사랑했던 카망베르!
이건 내가 요리스타 세계 대회
결승전을 앞두고….

카망베르는 프랑스
노르망디 지역의
카망베르라는 마을에서
처음 만들어졌다냐.

그래서 카망베르 치즈로
불리는데, 살균하지 않은
우유로 만드는 것이
특징이다냐.

노르망디 아줌마들에게
특별히 주문해서 가져온
카망베르 치즈다냐.

그럼 우리 할머니 김치처럼 노르망디 아줌마 치즈네?
콩 콩 콩
아차!

심사 위원님, 그럼 프랑스 팀도 치즈를 못 쓰게 해 주세요. 자신들이 만든 게 아니잖아요!

프랑스 요리는 치즈 없이 못 만드는데….
당연하냐!

에이~ 치사하다! 김치 사용해라~!
튀 튀~
네가 치즈 빼면 나도 김치 뺄게.
풍

뭉 클 뭉 클
스승님, 왜 우세요?
아, 아니다….
펭

'진인사대천명'이라고 했던가요. 이 할미는 할 일을 다 했습니다.
이제 남은 일은 모두 마마님이 하시기에 달려 있사옵니다.
오~ 갑자기 똑똑해졌네요~!
나 그렇게 안 멍청한데….

제6화
두근두근,
윤호의 고백
5'4"
5'2"
5'0"
4'10"
4'8"
4'6"

퉤 퉤 퉤
에이~
치사하다!
김치 사용해라!

아무래도
이대로 가다가는
큰일 나겠어. 행동 개시!

한울이 대단한데!
에드워드의 꼼수를
단숨에 제압해 버렸어….
쏘 욱

가연아,
어디 가?

흥, 왜! 화장실
가는 것도 너에게
허락받아야 하니?
눈치 코치
없기는….
아…
미안….

또각
또각

나도 잠시만….

보글
보글

양 팀의
요리가
완성되고
있습니다!
남은
시간은
35분!
와 아
와

청아, 김치찌개에
마늘 넣어야지?
예~
준비했사옵니다.

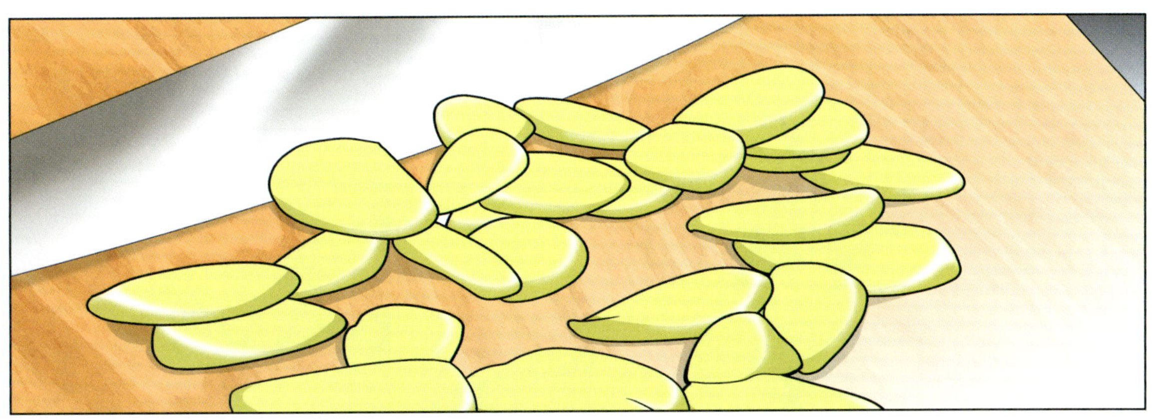

앗? 청아, 잠깐만! 마늘을 그렇게 손질하면 안 돼.
네에?
도련님, 왜 그러시옵니까?!
마늘의 알싸하고 매운맛을 내는 '알리신' 때문이야.
알리신? 어디서 들어 본 말이야!
알리신이 많을수록 건강에 좋다고 했던 거 같은데….

마늘에 들어 있는 알리신은 열에 약한 성분이야.
정말?
생마늘로 먹으면 가장 좋지만 만약 뜨거운 불에 익혀 먹는다면….
콩 콩
이렇게 잘게 다져야 알리신을 많이 섭취할 수 있어!

알리신 성분은 마늘 조직이 손상되면 활성화되거든. 음식을 할 때는 맛있게 만드는 것도 물론 중요하지만 조리 과정에서 영양소를 최대한 보존하는 노력도 필요하다고!
아하~! 조리법에 따라 영양소가 파괴되기도 하고, 효과가 배가 되기도 하는군요.
그렇지. 요리는 과학이잖아.

오호~ 역시 우리 도련님이십니다~!

음, 그런 거였구나….

이탈리아 요리사도 스파게티를 만들 때 다진 마늘을 사용하지.
치이이

채민, 프라이팬은 준비했다냐?
응. 다진 마늘을 먼저 넣고 볶았어.
오~ 참 잘했다냐.

그럼 이제 때가 됐다냐! 이걸 쓰기 위해 정말 한참을 기다렸다냐!

척

지금 스테이크 고기를 넣을까?
아니다냐. 기다리냐!

띡 띡
HOLD ε=0.90
235℃
EMS

지금이냐! 넣냐!
띡!
HOLD ε=0.90
250℃
EMS

요리조리 과학 이야기

적외선을 이용한 특수한 온도계가 있다?

열을 가진 모든 물체는 적외선을 내뿜는다. 물체 내부의 열을 적외선 형태로 방출하기 때문이다. 따라서 물체의 온도가 높을수록 더 많은 적외선을 내보내는데, 이 원리를 이용해 방출되는 적외선 양으로 물체의 열을 측정하는 것이 적외선 온도계다. 적외선 온도계는 온도 변화를 전자 신호로 바꾸어 증폭시킨 후 숫자로 나타내는데, 우리는 화면에 나타난 숫자를 보고 물체의 온도를 알 수 있다. 이 온도계의 장점은 직접 접촉하기 힘든 물체의 온도를 측정할 수 있다는 것이다. 물체를 직접 만지지 않아 안전하며, 편리하게 온도를 잴 수 있다. 병이나 유리 섬유를 만드는 유리 산업, 철강 산업, 플라스틱 제조 산업 등 고온의 물질 온도를 측정하는 데 주로 사용되고 있다. 또한 사람의 몸에서 나오는 적외선을 감지해 자동으로 문을 열어 주는 자동문에도 쓰인다.

앗!
휙

여기 갑자기
온도가 올라갔다냐?
저리
안 치워?
화끈
화끈

15분!
10분!
와 아 와
요르스타 WORLD
5분!
이제 요리를
마무리해 주시기
바랍니다.

STAFF
STAFF

살금
살금

쑥~
A

호호호~ 이 정도
위치면 되겠군.

슬슬 시작해 볼까?
이건 레몬과 페퍼민트 향수야. 페퍼민트는 기분을 상쾌하게 만들어 식욕을 자극하고, 레몬은 소화 기능을 높여 주지.
가방 안에는 금목서 같은 꽃향수도 있겠지? 냄새를 맡으면 포만감이 들고 식욕이 떨어지는 향수 말이야.
식욕을 촉진하는 신경 전달 물질인 오렉신이 나오지 않게 하는….
앗?
도련님, 무슨 소리 안 들리십니까?
야, 조용히 해!
무슨 소리?

꽈
당
읍 읍…

아무것도
없는데?
이상하다.
분명히
들었는데….

심사 위원이 프랑스 팀
음식을 시식할 때는
식욕을 올리는
향수를 쓰고….
읍 읍
한국 팀의
음식을 먹을 때는
식욕을 떨어뜨리는
향수를 쓰려는 거지?

어떻게
알았지?
알면 조용히
가 줄래?
지난번처럼
훼방 놓지
말고…!

아니!
절대로
그렇게는
못 해!

이이..

옛날에는
다들 나한테
귀엽다,
예쁘다며
고백하는
애들도
많았는데
이제는 다들
청이만 좋아해.

그게 그렇게
중요해?

넌 내가
청이 때문에
얼마나
속상한지
알아?
청이 때문에
날 좋아하는
친구들이
하나도 없어.
탁
…

이상하네.
방금 또
들렸는데…

나 혼자만 널
좋아하면 안 되겠니?

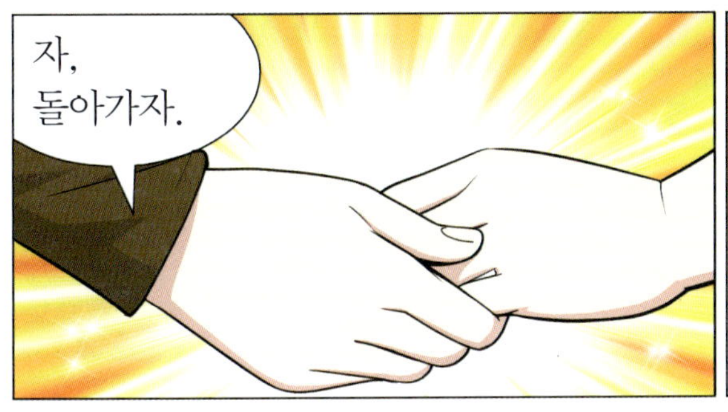

자,
돌아가자.

팟
흥!

우쭐대지 마!

누가
받아 준대?
상관하지
말라고!
난 아직
지난번 일
안 잊었거든?

탁
탁
탁
앗,
가연이랑
윤호다!
보셔요~
누가 있다고
그랬죠?

종료 시간이 거의 다 됐습니다! 양 팀 선수들은 이제 음식을 그릇에 담아 주세요!
와 와 와 와
다시 악마의 소스를 사용할 때냐? 헤헷~!
또…!
에드워드, 디저트 심사할 때 악마의 소스 때문에 0점 받았잖아!
이번에도 심사 위원들이 바로 알아차리지 않을까?
뭐? 내 실력을 의심하는 거다냐?
아, 아니…. 그건 아냐.
짠
걱정 마라! 이번에는 따로 준비했다냐!
악마의 소스 플러스!

플러스?
흐음~ 악마의 소스에서 단맛만 추출해 담았다냐!

심사 위원들이 단맛을 좋아할까?
전 망고는 너무 달아서 싫은데.
태국 망고는 다르다~ 캅!
모두 어른인데….

키키키
ㅎㅎㅎ….
단맛을 싫어하는 사람은 없다냐!
왜냐면 인간은 본능적으로 단맛을 좋아하기 때문이다냐!
그건 나도 알아. 인간은 엄마 배 속에 있을 때 처음으로 단맛을 느껴.
양수에 단맛이 느껴지면 입을 크게 벌리고 활발하게 움직이지.

그리고 하나가 더 들었다냐!
뭐야?

소곤소곤~ 소곤소곤~!
히익

요리 대회에서 MSG라니? 웁, 우웁!
덥
썩
조용히 하라냐!

에구머니나, 세상이 다 환한 대명천지에 부끄럽지도 아니한가?
휘

MSG는 인공 감미료잖아. 그것까지 쓴다면 이겨도 당당하지 않을 거야!

그게 무슨 소리다냐? MSG에 쓰이는 글루탐산은 자연에도 있다냐!

글루탐산은 고기, 생선, 양파, 토마토, 그리고 모유에도 들어 있다냐.
정말?

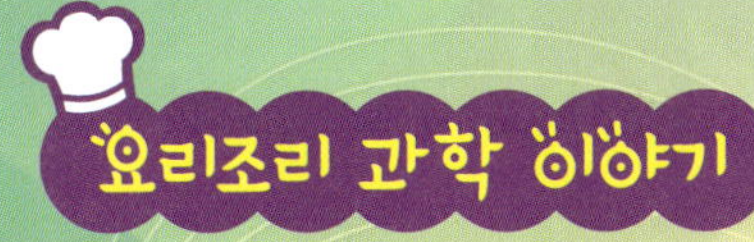

MSG는 안전할까? 해로울까?

많은 사람들이 '화학조미료'의 안전성을 의심한다. 화학조미료에 들어 있는 글루탐산나트륨, 즉 MSG 때문이다.

MSG는 100여 년 전 일본 과학자에 의해 발견됐다. 1907년, 일본 도쿄대학교 이케다 키쿠나에 교수는 다시마 국물에서 나는 특유의 맛에 주목했다. 이 맛은 단맛, 신맛, 쓴맛, 짠맛 등 네 가지 기본 맛과 확연히 달랐다. 이케다 교수는 이 맛에 '우마미(감칠맛)'라는 이름을 붙였고, 이 맛을 내는 물질인 글루탐산을 분리하는 데 성공했다. 이후 글루탐산은 나트륨과 합성된 'MSG'의 형태로 만들어졌고, 요리에 쓸 수 있는 조미료로 팔리기 시작했다.

문제가 된 것은 1968년 중국에서 일어난 사건 때문이었다. 어떤 사람이 MSG가 들어 있는 음식을 먹고 목 뒤와 팔이 마비되는 듯한 증상을 느꼈다고 주장한 것이다. 하지만 과학자들은 MSG가 이러한 증상을 유발한다는 증거를 찾지 못했다. 지금까지도 MSG가 안전한지 유해한지에 대한 논란은 계속되고 있다. MSG 사용을 반대하는 사람들은 천연 글루탐산과 인공 글루탐산이 다르다고 주장하지만, 우리 몸이 똑같은 물질을 출처에 따라 구분한다는 과학적인 근거는 아직 밝혀지지 않았다.

Ragesosss(W)

땡! 시간이 다 되었습니다!

양 팀 선수들은 요리를 멈추고 음식에서 물러나 주십시오!

한국 팀!
헤헤~! 손 뗐습니다.
후다 닥

프랑스 팀?
저희는 3분 전에 이미 마쳤습니다.
쿨 쿨

이제 심사 위원 여러분들도 앞으로 나와 주시기 바랍니다.

와아
와
결승전 요리 대결 두 번째 라운드 메인 요리를 심사 하겠습니다.

그럼 먼저 프랑스 팀부터 요리를 설명해 주시겠습니까?
후훗, 알겠다냐!
촤
아

오오오?
와
아
와
아
와
너무 대단해서
요리에서
빛이 나는 거냐!
이 요리들은
대체 뭐죠? 설명을
부탁합니다.
아니~!
이것은…?
세계의 3대 진미?

세상에!
에스카르고까지!
뚜르르...

프랑스 팀, 마저 설명하세요.
이따가 나도 조금 얻어 먹어야지~!

'왕들의 요리사', '요리사의 왕'이라 불렸던 요리 천재 앙토넹 카렘!

루이 18세, 나폴레옹 등 왕들의 연회에서 앙토네 카렘이 만들었던 정찬을 재현했습니다.
대, 대단하네요!
요리스타 결승전답게 감히 상상할 수도 없었던 엄청난 요리가 나왔습니다!

스승님, 세계 3대 진미가 뭡니까?
음…. 그게 그러니까….

몸에 좋고, 맛도 좋고, 신선한…?
에이~ 모르시네!
이런 우라늄~ 은반지 금반지!

세계 3대 진미는 거위 간으로 만든 푸아그라와 철갑상어 알인 캐비어….
그리고 송로버섯인 트러플이 있어요. 요리영재학교에서 배웠던 음식인데….
말로만 듣던 걸 실제로 보니 신기해요~!
그럼 청이와 한울 선배는 무슨 요리를 만들었을까?

프랑스 팀의 요리는 정말 대단하군요. 그렇다면 다음은….

한국 팀의 요리를 보여 주세요!

평~범
엥?

이 요리는 뭐죠? 설명을….
결승전 치고는 너무 평범한데.

네. 저희가 만든 요리는….
한 분만을 위한….

뭐?

오로지 한 분만을 위한…!
그래서 더욱 귀한 요리입니다.

한 사람?
도대체 그게 누구죠?
세상에서 소녀가 유일하게 좋아할 수 있는 분이지요.

유일하게
좋아한다라….
다른 사람은
좋아하면 안 되는
건가요?
곤장을
맞습니다!

히익!

그런 게 어딨어요?
여기 있사옵니다!
저는 생각시….
즉, 궁에서 평생 사는
궁녀이기 때문입니다.

궁녀는 오로지
이 분만을
사랑해야 하옵니다.
그것이 궁의
엄격한
법도이옵니다.
그러니까 그게
누구냐고요?
아이~ 답답해!

그 분은 바로….
저의 주인이신
임금님이옵니다.

임금?

그렇다면
임금님의 밥상?

청이가 지금까지
준비한 요리들은
모두 나를
위한 거였어?

예,
그러하옵니다.

제7화
진짜 전통의 맛

나를 위한 수라상이라니!
청아~ 잠깐만!

청이는 요리를 할 때 엄마의 마음으로 한다고 했지?
그건 어떤 마음이야?
아시다시피 소녀의 어머니는 궁에서 임금님의 수라를 책임지는 수라 상궁이셨습니다.

언제나 임금님을 위해서 정성스러운 마음으로 음식을 만드셨지요. 그리고 저를 낳으신 뒤에는….
임금님 수라를 준비하듯 한결 같은 마음으로 저를 위해 음식을 만들어 주셨습니다.
이 어미의 밥이 많이 있느냐?
으뜸이옵니다!

?
?
?
끄덕
끄덕

옳은 말이구나. 세상의 모든 어머니들은 자식들을 위해 정성스럽게 요리를 하시지.

그래서 저 또한 어머니의 마음으로 요리를 하옵니다.

아하~! 그런 거였구나!
이제 알겠어!

자, 요리스타 세계 대회 결승전 두 번째 대결!
이번에는 프랑스 팀의 요리를 시식하겠습니다.
와 아 와 와
가위, 바위,
보!
보!

지금 뭐 하세요?
시간이 없어서 셋 다 먹을 수가 없다, 캅!
그래서 가위바위보로 정한다~ 캅!

이긴 사람은 가장 맛있는 걸 먹는다, 캅!
뭐라고요? 한 명만?

심사 위원들도 우리 프랑스 요리에 이미 반한 것 같네.
아무거나 먹어도 다 맛나다냐!
푸

덜
덜
덜
덜
슝
슝
아, 아니?
털썩
털썩
털썩

똑 똑
여긴 어딜까요?
글쎄요~ 캅!
앗! 여기는 18세기 베르사유의 궁전 같아요.
요리 한 입 먹었을 뿐인데 이곳에 오게 되다니….
완전 고급지다~ 캅!

아~ 깨어나고 싶지 않다!
그래도 점수는 주셔야죠!
제 점수는….
오물
오물

100점!
100

100점!
100
와
아
와
98점!
98

그래서 프랑스 팀의 평균은 약 99.3점!
안…돼!

에드워드!
우리가 이길 것 같아!
헤헷~ 당연한 것 아니다냐?
와
와
아
와

꽃도련님, 대단하옵니다!
평균 점수가 99.3점!

이제 일어들 나세요. 한국 팀 음식도 맛봐야죠.

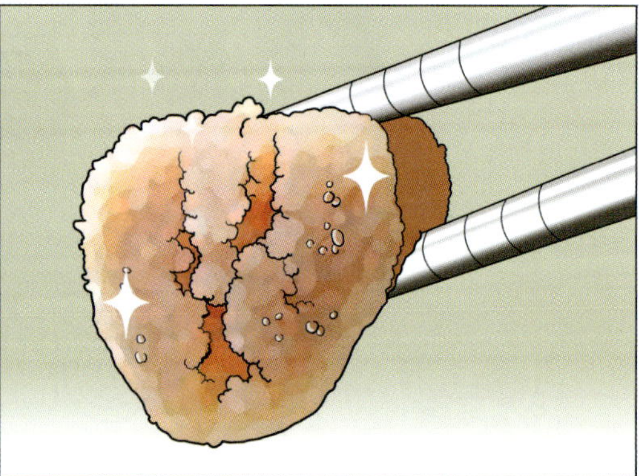

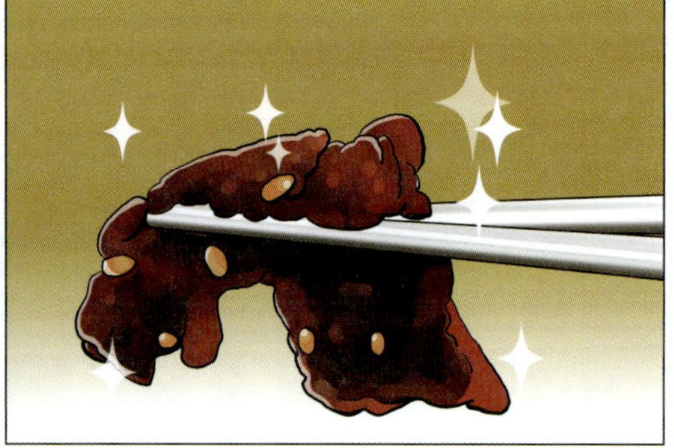

오물 오물

!
!

왜, 왜들 그러시는지요?

끄아아 아아아 아아아 아아앗!

짜다, 짜!
완전 짜!
히익
힉

짠~
그럼 밥이랑 함께 드셔 보세요~!
밥?
난 쌀을 안 좋아하는데….

예. 이번에는 따뜻한 밥 위에 하나 올려서 다시 드셔 보세요.

방금 드신 음식은 젓갈이라고 하온데….
별명이 '밥도둑'입니다.
밥도둑?

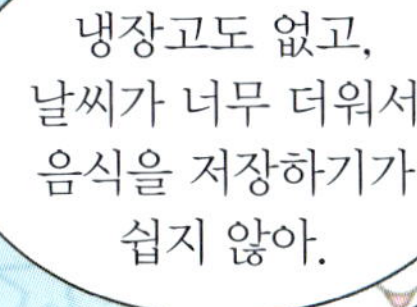 요리조리 과학 이야기

'밥도둑' 젓갈 속에 발효 과학이?

젓갈은 어패류의 살과 알, 창자 등을 소금에 짜게 절여서 발효시킨 음식으로 인도와 베트남, 태국 등 더운 지역에서 유래했다. 이 지역은 더운 기후 때문에 음식 재료들이 쉽게 상해 저장해 놓고 먹기가 어려웠다. 특히 어패류는 잡은 뒤 바로 먹지 않으면 금방 부패되기 때문에 일부는 늘 버릴 수밖에 없었다. 이 문제를 해결하기 위해 어패류를 소금에 절여 저장하던 것이 젓갈의 형태로 발전했다.

젓갈은 소화가 잘 되는 것이 특징이다. 발효 과정에서 어류에 들어 있던 효소가 살을 분해하기 때문이다. 이때 단백질이 아미노산으로 분해되면 젓갈 특유의 감칠맛이 난다. 작은 생선의 경우 뼈를 그대로 사용하고, 새우와 갑각류는 껍데기채로 젓갈을 담그기도 한다. 그럼 뼈와 껍데기가 숙성 중에 부드러워져서 그대로 먹게 되는데, 이를 통해 칼슘을 섭취할 수 있다. 음식의 간은 기후에 따라 달라지는데, 따뜻한 남쪽 지방일수록 짜게 먹는다. 그래서 짠맛이 강한 젓갈은 남쪽 지방에서 특히 발달했다.

좋아.
그렇다면!

따뜻한 밥
위에 젓갈을
올리고….

냠
냠

이거,
기대되는데~
캅?

호

꿀
떡

꿀
꺽

꿀
꺽

?
?
?
누구신지?
앗?

여기는
어디냐~ 캅!
뭐지?
저 혹시…?

부족한 제 여식을 예쁘게
봐 주셔서 감사하옵니다.
와우~!
이 음식이 진짜
500년 전통의
우리 맛이구나!

500년 전통의 우리 맛이라니!
왠지 더 맛있는 것 같앙~ ♬
냠 냠
젓갈이 참 맛있네요.
고맙습니다. 젓갈은 평범한 맛입니다.
맛있는데~ 겸손하셔….
평범합니다.
아니라니까요. 완전 맛있어요!

'왕후의 밥, 걸인의 찬' 이라는 말을 들어 보셨나요?

앗, 다시 현재로 돌아왔네!
와 와 아

그게 무슨 말이지?

밥상의 주인공은
'밥'이라는 뜻입니다.
끄덕

조금 더
자세히…!
'왕후의 밥'은
공깃밥에 간장이
전부입니다.

진정 맛있는 밥이라면
소박한 반찬만 있더라도
왕후의 밥처럼 훌륭하다는 뜻입니다.

우아~ 대단한데!

손곤
손곤

진짜 500년 전 조선 시대에서 온 생각시가 아닐까요?
에이~ 설마요….
난 이제 믿고 싶어지네요.
그럼 하나만 더 물어볼까요?

마, 맛있는 밥이란 뭐냐~, 캅?

어려운 질문이옵니다. 과연 맛있는 밥이란 무엇일까요?
내가 먼저 물었다. 빨리 말해라~ 캅!

밥은 쌀과 불, 그리고 물의 조합으로 만들어지는 음식입니다.

조리 과정이 비교적 간단하지만 꽤 많은 요소들이 밥맛에 영향을 미치게 됩니다.

맛있는 밥이란 색이 하얗고 윤기가 흐르며 맛은 거의 나지 않는다. 하지만 밥을 천천히 음미해 보면 은은한 단맛과 향을 느낄 수 있단다.
또한 혀에서 느껴지는 촉감은 부드럽고 매끄럽다. 씹었을 때는 찰기가 있고 탄력이 있어야 하느니라.
예, 어머니. 명심하겠사옵니다~!
정! 답!
이제 보니까 한국 팀은 완전히 밥 박사네!

에드워드, 일어나 봐!
지금 분위기가 이상해!
훈들 훈들
음냐~ 한국 팀 점수는 몇 점이다냐?

그럼 한국 팀의 점수를 보겠습니다. 첫 번째는요?
음…. 제 점수는….

내 점수도 100점이다, 캅~!
뭐라고요? 한국 팀이 100점 이라고요?

말도 안 돼!
있을 수 없는 점수라고요!
어떻게 100점을 주냐고요!
뭐라고 했냐, 캅?
우리는 세계 3대 진미로 만든 요리였지만…!
우
우
우
100

한국 팀은 고작 따뜻한 밥과 젓갈일 뿐이잖아요!

정말 몰라서 묻는 거냐, 캅~?
당연하죠! 게다가 만날 먹는 밥인데 무슨 차이가 있어요?

그 이유는 간단해.

전세계 70억 인구 가운데 절반인 35억 명은 주식으로 쌀을 먹어. 쌀은 해마다 세계 120여 개 나라에서 6억 톤 정도 생산돼. 전체 곡물의 25%나 되는 양이지.
세계 쌀 주요 생산지
맞다~ 캅! 그러니 맛있는 밥을 짓는 게 얼마나 중요하냐!
나도 30년 동안 밥을 해 왔지만 어제도 밥을 태웠다, 캅~!
자랑 아닌데……
그리고 또 한 가지! 쌀이 중요한 이유는 쌀농사가 지구를 구하기 때문이다, 캅~!

요리조리 과학 이야기

지구를 살리는 벼농사

소중한 식량

인류는 청동기 시대부터 벼농사를 짓기 시작했다. 오늘날 세계 인구 절반 이상이 쌀을 주식으로 먹고 있다. 쌀은 곡물 중에서 가장 훌륭한 탄수화물 공급원이며, 비타민 B, E, 인, 마그네슘 등 몸에 필요한 영양소들이 골고루 들어 있어 건강에도 좋다.

생태계 보존

논은 경작 기간 동안 물을 담아 두는 인공 습지 역할을 한다. 또한 개구리와 올챙이, 잠자리애벌레 등 다양한 생물들의 생태공간이 된다. 이처럼 논은 사라져 가는 자연습지를 대신해 생태계를 보존하는 역할을 한다.

물 · 공기 정화

지저분한 생활하수가 논에 들어오면 벼는 물을 흡수하여 정화시키고, 남은 인산은 흙의 양분이 된다. 또한 벼는 광합성을 하는 식물이기 때문에, 공기 중 이산화탄소를 흡수하고 산소를 내뿜어 공기 정화에도 도움이 된다.

아이고~
우라늄
똠양꿍
선생!
아주~
말을
잘 하네!
고소하다!

이래도 할 말
있냐~, 캅?
칸칸캅!
없어요,
캅~!

스승님은 좋을 때도
욕을 하시네요?!
내가 언제?
이런 우라늄….
저기요, 아직
안 끝났습니다!

와
와아
뭘~!
끝난 거지!
아직 심사 위원
한 분의 점수가
남았거든요.
헤헤헤~
걱정 마라!

마지막
심사 위원은
한국 사람이니
당연히
100점을
주겠지.
아,
그런가?

흠….
제
점수는요~!

이렇게
지는 거
싫어!

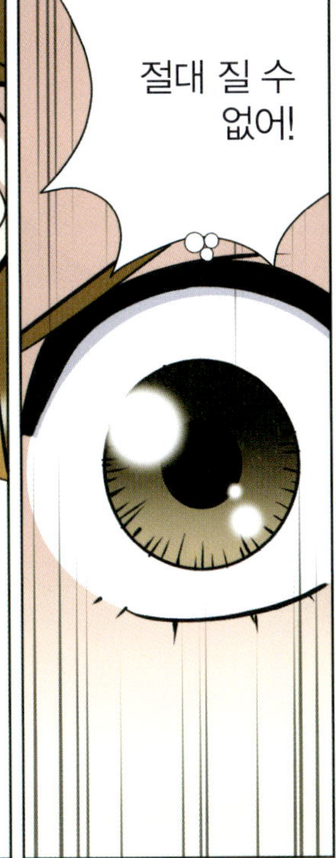

절대 질 수
없어!

정 선생님,
점수는….
몇 점입니까?
와아
와
와

정 선생님?
선생님?
듣고 계신가요?
훅

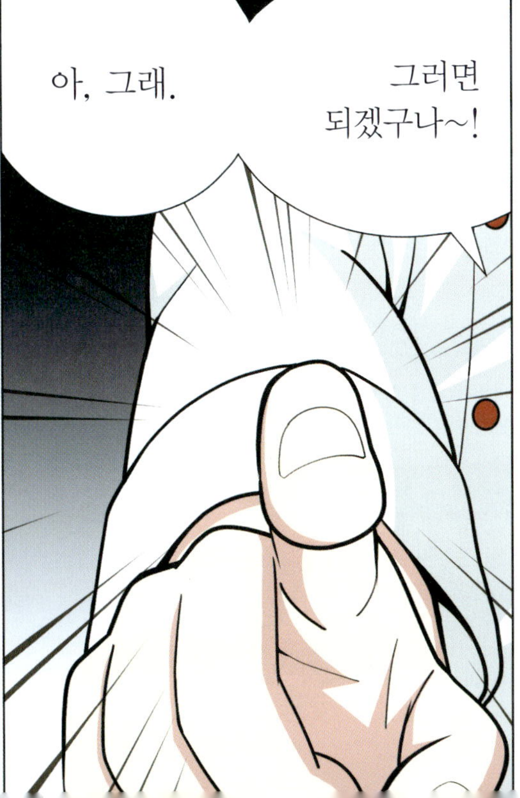

아, 그래.
그러면
되겠구나~!

쩍
나를 대신해서
네가 점수를 주렴!
저요?

그래, 네가 해.
나 대신 한국 팀의
음식을 맛보고
점수를 줘!

자, 잠깐만요!
지금 무슨
말씀이십니까?
이러면 규정에
어긋나요!
어긋나지
않습니다!
규정을 보면
심사 위원에게
부득이한 사정이
생겼을 경우
심사 위원 본인이
다른 심사 위원을 뽑을 수
있다고 돼 있습니다.

상대팀인 에드워드가 한국 팀 요리를 심사한다고? 도무지 예측할 수 없는
결과는 이어지는 11권에서 확인해 주세요!

정글에 떨어진 병만 족의 생존 법칙!
무조건 살아남아라!

❶ 나미비아와 파푸아 편

병만 족 최고의 생존 법칙, 무조건 살아남아라! 악어가 우글거리는 무인도, 해충의 습격, 낯선 원시 부족 등 원시 정글에서 스스로 생존해야 한다.

❷ 마다가스카르 편

목숨을 건 사막 횡단, 손톱만 한 카멜레온, 알록달록 위험한 희귀 동식물, 아찔한 암벽 타기 등 마다가스카르의 흥미진진한 정글 탐험이 펼쳐진다.

❸ 바누아투 편

남태평양의 화산섬, 바누아투! 용암을 토해 내는 야수르 화산, 박쥐 똥 가득한 검은 동굴, 시시각각 돌변하는 공포의 바다에서 살아남을 수 있을까?

❹ 시베리아 편

팬티 바람으로 강 건너기, 하얀 밤을 뜬눈으로 새우기, 공포의 얼음 폭풍 등 살벌한 생존 미션이 주어진다. 병만 족은 무사히 시베리아를 탈출할 수 있을까?

❺ 아마존 편

세계 최대의 열대 우림 아마존 정글! 작은 악마 콩가 개미, 막무가내로 덤비는 독충, 식인 물고기 피라니아까지, 지독한 공격이 이어지는 녹색 지옥 아마존에서 생존하라!

❻ 뉴질랜드 편

남태평양의 지상 낙원, 뉴질랜드! 마오리 족 생존 캠프, 쥐라기 숲 탈출, 반지의 제왕 로드까지. 신비로운 뉴질랜드의 자연에서 병만 족, 초심으로 돌아가라!

❼ 캐리비언 편

해적의 본거지 캐리비언과 수수께끼 마야 정글! 그레이트 블루홀로 점프, 전투 모기와의 사투, 상어와 사진 찍기 등 군기 바짝 극기 훈련이 펼쳐진다!

❽ 히말라야 편

지구의 지붕, 히말라야에서 펼쳐지는 병만 족의 목숨을 건 생존 게임! 외뿔코뿔소, 야생 호랑이 등 맹수가 득실거리는 네팔 정글에서 병만 족은 어떤 생존 지혜를 발휘하게 될까?

SBS김병만의정글의법칙제작팀 원작 | 유대영 구성 | 이정태 그림 | 250쪽 내외